辽宁省地表水环境质量监测网络建设图集

辽宁省生态环境监测中心　编著

中国环境出版集团·北京

图书在版编目（CIP）数据

辽宁省地表水环境质量监测网络建设图集 / 辽宁省生态环境监测中心编著．—北京：中国环境出版集团，2023.10

ISBN 978-7-5111-5632-7

Ⅰ．①辽…　Ⅱ．①辽…　Ⅲ．①地面水—水环境—水质监测—辽宁—图集　Ⅳ．① X832-64

中国国家版本馆 CIP 数据核字（2023）第 191027 号

审图号：辽 S（2023）82 号

出 版 人　武德凯
责任编辑　赵　艳
封面设计　宋　瑞

出版发行　中国环境出版集团
（100062　北京市东城区广渠门内大街 16 号）
网　　址：http://www.cesp.com.cn
电子邮箱：bjgl@cesp.com.cn
联系电话：010-67112765（编辑管理部）
010-67147349（第四分社）
发行热线：010-67125803，010-67113405（传真）

印　　刷　北京建宏印刷有限公司
经　　销　各地新华书店
版　　次　2023 年 10 月第 1 版
印　　次　2023 年 10 月第 1 次印刷
开　　本　880 × 1230　1/16
印　　张　22.5
字　　数　540 千字
定　　价　199.00 元

《辽宁省地表水环境质量监测网络建设图集》

编 委 会

主　　编　袁俊斌　张　峥

副 主 编　周丹卉　郭　杨　惠婷婷

编写人员（按姓氏笔画排序）

丁振军　于　琪　王　璐　王仁日　王星蒙
王秋丽　王敬岳　王朝霞　江明选　刘宏燕
问青春　李　杨　李延东　应　博　辛宏斌
初兆娴　张　爽　张洵齐　张煜晨　陈忤序
陈甜鸽　武　暕　郑　莉　屈兴胜　赵　宇
胡岚岚　侯　睿　姜永伟　韩　凌　窦志强
薛艳静

前　言

2015 年，国务院办公厅印发《生态环境监测网络建设方案》（国办发〔2015〕56 号），要求环境保护部会同有关部门统一规划、整合优化环境质量监测点位，建设布局合理、功能完善的全国环境质量监测网络。《国家生态环境质量监测事权上收实施方案》（环发〔2015〕176 号）要求，地方水环境质量监测网应在国控断面基础上进行合理布设，范围应延伸至行政区内三级及以下支流、城市河段、湖库，覆盖市界和县界。按照文件要求，“十三五”期间辽宁省共布设 93 个国考断面参与国家地表水评价、考核和排名工作。

2019 年，生态环境部办公厅印发《关于开展“十四五”国控断面设置和水环境控制单元细化工作的通知》（环办水体函〔2019〕603 号），要求按照其附件《“十四五”国控断面设置与水环境控制单元细化工作方案》《“十四五”国控断面设置技术指南（试行）》，2019 年年底前完成“十四五”国控断面设置。《“十四五”国控断面设置技术指南（试行）》中提出，“十四五”国控断面设置应有利于反映水环境状况并体现“三水”（水资源、水生态、水环境）统筹，有利于分清行政区域的水生态环境保护责任，有利于精简监测点位、提高监测效率，有利于深化改革、平稳过渡。

按照《关于开展“十四五”国控断面设置和水环境控制单元细化工作的通知》及其附件《“十四五”国控断面设置与水环境控制单元细化工作方案》、《“十四五”国控断面设置技术指南（试行）》要求，辽宁省生态环境厅积极组织相关单位开展辽宁省“十四五”国控断面设置工作。在“十三五”时期 93 个国考断面的基础上，增设 59 个国考断面，剔除 2 个常年断流断面，经优化调整后，“十四五”期间辽宁省共布设 150 个国考断面参与国家地表水评价、考核和排名工作。

本书对辽宁省“十四五”时期 150 个地表水国考断面基础信息进行了系统归纳和整理，包括断面经纬度信息、设置目的、周边污水处理厂信息、水质自动站及上下游现场图片等相关信息。书中难免存在错误，希望读者朋友不吝指正。

编　者

2023 年 1 月

目　录

绪 论

一、辽宁省基本概况

辽宁省陆地面积为 14.8 万 km^2。年降水量由东南向西北递减。濒临黄海的东南部山区雨量充沛，多年平均年降水量达 1 100 mm。辽宁西北部多风沙、干旱，雨量很少，多年平均年降水量仅 380 ～ 400 mm。黄海沿岸多年平均年降水量从东部丹东地区的 1 100 mm 左右递减到大连地区的 600 mm 左右。辽宁西部多年平均年降水量由辽西南渤海沿岸的葫芦岛市绥中县的 650 mm 往北逐渐减少，到辽西北的朝阳市和阜新市北部为 450 mm，老哈河流域平均为 400 mm。

降水量年际间变化较大，四季变化明显，年内分配很不均匀。一般 6 月才进入雨季，7—8 月为降雨全盛时期，正常年份月降水量最大的 4 个月雨量之和占全年降水量的 68% ～ 82%。

辽宁省年径流深的区域分布趋势与降水量的分布基本相对应，但区域分布的不均匀性比降水量更严重。径流的季节分配具有夏季丰水、秋冬季枯水的特点。径流的季节变化主要取决于河流的补给来源和变化。辽宁省河流的补给来源主要有雨水、融雪水和地下水，一般以雨水补给为主。根据河流的补给条件、流域的调蓄能力等可分为三个类型：

1 类：雨水补给为主，绝大部分河流属于这种类型，河水的年内变化主要依赖于降水的季节变化，而且季节变化非常剧烈，并兼有融雪水补给影响，每年有春、夏两次汛期。但春汛短且径流量小，融雪径流量只占年径流量的 3% ～ 4%。夏汛长且径流量大，一般 4 个月，占年径流量的 60% ～ 80%，又集中在 7 月和 8 月，一般占年径流量的 50% ～ 60%。枯水期径流量很小，4—5 月径流量仅占年径流量的 10% 左右，所以枯水季节严重缺水。

2 类：地下水补给为主，如辽河下游支流 - 柳河上游的养息牧河等，集水区内降水产生的径流量远远小于地下水补给量，季节分配比较均匀，6—9 月径流量占全年径流量的 40% ～ 50%。

3 类：间歇性河流，平原地区的中小河流绝大部分属于间歇性河流，雨期形成水流，非汛期往往干涸，全年水量几乎全部集中在汛期。6—9 月河流过水，非汛期往往河干。汛期径流量占全年径流量的 90%。

二、辽宁省河流水系基本情况

辽宁省流域面积大于等于 50 km^2 的河流共 845 条，97.6% 分布在辽河流域，其中流域面积在 5 000 km^2 以上的河流有 16 条，在 1 000 ～ 5 000 km^2 的河流有 32 条。辽河流域是全国七大流域之一，是国家重点治理的“三河三湖”之一。辽河流域在辽宁省境内是经济较为发达的工业集聚区和都市密集区，形成了以石化、冶金、装备制造业为核心的产业集群。辽河流域包括辽河水系、辽东湾西部沿渤海诸河水系、辽东湾东部沿渤海诸河水系、辽东沿黄海诸河水系、鸭绿江水系。

辽河水系包括辽河和浑河。辽河主要支流有东辽河、老哈河、招苏台河、清河、绕阳河等。东辽河发源于吉林省辽源市萨哈岭山，由北向西南流经铁岭，与西辽河汇合后称为辽河，流域多年平均年降水量为 567 mm。绕阳河发源于辽宁省阜新蒙古族自治县扎兰营子镇，流经阜新、黑山、台安及盘山等县，汇入辽河下游双台子河，流域多年平均年降水量为 541 mm。浑河发源于辽宁省清原满族自治县滚马岭，流经抚顺、沈阳两市，上游建有大伙房水库，属于典型的受控河流，流域多年平均年降水量为 742 mm，主要支流有苏子河、蒲河、细河等。太子河发源于辽宁省新宾满族自治县红石砬子，流经的本溪、辽阳和鞍山 3 市是辽宁省工业较为发达城市，以钢铁和化工等行业为主。太子河属受控河流，上游建有观音阁水库，是本溪等城市的饮用水水源地，中游建有葠窝水库，为工业用水和灌溉用水水源，在本溪段和辽阳段有近 10 个橡胶坝调节水量。太子河流域景观格局总体趋于复杂，异质性增加，破碎化加剧，人为干扰影响较明显。

辽东湾西部沿渤海诸河水系主要包括大凌河、小凌河、六股河等河流。大凌河上游分南、西两支，南支发源于辽宁省建昌县水泉沟，西支发源于河北省平泉市水泉沟，两支于喀喇沁左翼蒙古族自治县大城子街道东南相会，流经朝阳县、北票市、义县，于凌海市的南圈河和南井子之间注入渤海。大凌河支流主要有细河、牤牛河、大凌河西支等，流域多年平均年降水量为 487 mm。小凌河发源于辽宁省朝阳县瓦房子镇，流经朝阳、葫芦岛、锦州，于凌海市注入渤海。六股河发源于辽宁省建昌县谷杖子乡，流经建昌县，在兴城市刘台子满族乡注入渤海。

鸭绿江水系主要包括浑江、爱河、蒲石河等。鸭绿江发源于吉林省东南长白山南麓，流经吉林、辽宁两省，西南流向，在吉林省浑江口进入辽宁省宽甸满族自治县内，于东港市大东街道注入黄海。浑江流经吉林省通化市和辽宁省桓仁、宽甸两县，爱河发源于辽宁省宽甸满族自治县双子山镇，流经凤城市、宽甸县和丹东市区，于九连城汇入鸭绿江干流。

辽东湾东部沿渤海诸河水系主要包括大旱河、大清河、复州河等河流。复州河发源于辽宁省大连市普兰店区同益街道，流经普兰店区、瓦房店市，于三台满族乡注入渤海，流域多年平均年降水量为 654 mm。大清河发源于辽宁省大石桥市建一镇，流经大石桥市、盖州市，流域多年平均年降水量为 708 mm。大旱河发源于辽宁省大石桥市南楼街道，流经大石桥市、老边区、盖州市，流域多年平均年降水量为 666 mm。

辽东沿黄海诸河水系主要包括碧流河、大洋河等河流。碧流河发源于辽宁省盖州市卧龙泉镇，流经盖州市、庄河市，于普兰店区碧流河社区注入黄海。大洋河发源于辽宁省岫岩满族自治县偏岭镇，流经岫岩县、凤城市、东港市，于东港市黄土坎镇注入黄海，流域内 97% 的面积属辽东山地丘陵区。

此外，在辽宁省还有属于松花江流域的辉发河和属于滦河流域的青龙河。

辽宁省共有自然湖泊 2 个，分别为沈阳市卧龙湖和沈阳市新民小西湖。其中，卧龙湖水面面积为 67 km^2，最大蓄水量为 1.3 亿 m^3；新民小西湖水面面积为 7 km^2，多年平均蓄水量为 0.1 亿 m^3。

两湖均不跨省界、市界。

辽宁省库容在 1 亿 m^3 以上的水库有 31 座，其中库容在 10 亿 m^3 以上的水库有 5 座，分别为水丰水库、桓仁水库、大伙房水库、观音阁水库和白石水库。

三、辽宁省地表水环境质量监测网络建设

（一）覆盖范围

河流：基本覆盖辽河流域干流、流域面积 1 000 km^2 以上、长度通常大于 100 km 的各级支流；基本覆盖流域面积 500 km^2 以上、长度通常大于 50 km 的跨省和跨市的区域性河流；基本覆盖划定为国家级水功能区的河流；基本覆盖大型水利设施所在水体。

湖库：基本覆盖面积在 100 km^2 以上（或储水量在 10 亿 m^3 以上）的大型湖泊；库容在 10 亿 m^3 以上的大型水库；基本覆盖划定为国家级水功能区的湖库；基本覆盖水域面积在 10 km^2 以上的跨省和跨市的湖泊、库容在 1 亿 m^3 以上的跨省和跨市的区域性水库。

（二）断面属性和位置具体要求

断面属性包括背景断面、控制断面、省界断面、市界断面、县界断面、湖库点位、入河口断面、入海口断面。

1. 背景断面：原则上设在水系源头或未受污染的上游河段。

2. 控制断面：

（1）应尽可能选在水质均匀的河段。

（2）设置在工业园区、大型开发区、入河排污口下游。

（3）设置在对汇入河流水质影响较大的支流汇入前的河口处，充分混合后的干流下游段，以及湖库的主要河流的出口、入口。

（4）有人工建筑物并受人工控制的河段，视情况分别在闸（坝、堰）上游、下游设置断面。

3. 监测断面的设置要具有可达性、采样便利性，优先考虑桥上采样。

4. 根据不同原则设置的断面发生重复时，只设置一个断面。

5. 跨界断面：

（1）跨界断面原则上应设置在上下游交界零公里处，若上下游交界处不具备采样条件，按照下游考核上游的原则，设置在下游地区入境处，并尽可能靠近交界处。

（2）跨界河流属左右岸交界的，监测断面原则上设置在共有河段中间，兼顾主要污染源分布情况。同时在左右岸主要支流汇入口上设置监测工作断面，明晰责任。

（3）跨界断面与行政区界线间原则上无排污口或支流汇入口，避免责任不清。

（4）跨界湖库原则上在各自行政区域内湖区均设置监测断面，同时在入湖河流干流位置、各自行政区域内入湖河口设置监测断面。

（5）跨界断面设置应综合考虑现场情况，尽量选择适宜开展现场监测、满足水质自动站建设条件的位置。

6. 水功能区断面

（1）水功能区断面与国控、省控、市控、县控断面名称一致且位置距离 1 km 以内，视为基本重合。若水质目标不一致，以水质目标更为严格的断面为主。

（2）水功能区断面与国控、省控、市控、县控断面距离在 10 km 以内，且不跨界，若水质目标不一致，以水质目标更为严格的断面为主。

（3）同一条河流，10 km 以内有多个水功能区断面对应 1 个国控、省控、市控、县控断面，且不跨界，如含支流汇入、城镇、污染源、入河排污口，设置对照断面和控制断面；否则，只在下游设置控制断面。

（4）同一条河流中每个水功能区单独对应 1 个断面，且 10 km 以内无其他水功能区断面及国控、省控、市控、县控断面，应根据上下游关系设置新增断面。

（5）跨界断面只保留 1 个，按照跨界断面原则设置。

（6）与集中式饮用水水源地监测断面重合的，可暂时不新增。

综上所述，同一功能区内，同时设有水功能区断面和国考断面的，原则上只保留国考断面或跨界断面。同一河流在同一城市内的多个功能区：①同时设有水功能区断面和国考断面的，原则上只保留 1 个，且优先保留国考断面，其余断面由省级监测；②仅设有水功能区断面的，原则上只保留 1 个，且优先保留位于最下游的断面，其余断面由省级监测；③流域面积 3 000 km^2 以上的大江大河的源头区，原则上保留 1 个断面。

（三）国控断面和水功能区断面整合

1. 对于符合国家监测河流设置原则的河流，国控断面和水功能区互有设置断面的，根据河流实际情况，增补国控断面。

2. 对于国控断面多集中在下游污染区域，缺少上游对照断面的，从国家水功能区监测点位中增补上游点位。

3. 对于符合国家监测河流设置原则的河流，国控断面和国家水功能区均未设置断面的，根据河流实际情况，可以不设置国控断面。

4. 取消不符合国家监测河流设置原则的河流及断面，因辽宁省水库多具备饮用水水源地的重要性，保留入库河流及断面；保留部分入海河流及断面，取消河流长度 50 km 以下的非跨省和跨市入海河流及国控断面；取消河流长度小于 50 km、基本无水或未建设水站的河流及断面。

第一章 · 辽河

LIAONINGSHENG DIBIAOSHUI HUANJING ZHILIANG
JIANCE WANGLUO JIANSHE TUJI

辽河发源于河北省七老图山脉的光头山，河源海拔 1 490 m。河道流经河北、内蒙古、吉林和辽宁 4 省（自治区），在辽宁省盘锦市注入渤海。

在辽宁省境内，辽河河长 523 km，流域面积为 6.92 万 km^2。

辽河由西辽河和东辽河汇合而成。西辽河发源于河北省七老图山脉的光头山，向东北流至内蒙古自治区开鲁县苏家堡称老哈河，于赤峰市境内接纳西拉木伦河后称西辽河，流经河北、内蒙古、吉林三省（自治区）。东辽河发源于吉林省辽源市萨哈岭山。西辽河和东辽河两条河流在辽宁铁岭福德店附近汇合后始称辽河。辽河弯曲南流至六间房以下河道分为两股：一股称双台子河（现改称辽河），由北向西南流经铁岭、沈阳、鞍山和盘锦后于盘山入渤海辽东湾，此为辽河干流，全长 523 km；一股称外辽河，在三岔河接纳浑河、太子河后称大辽河，于营口入渤海。1958 年外辽河于六间房附近被截堵后，浑河、太子河成为独立水系。

辽河福德店至铁岭段河长 120.76 km，河宽 125 ～ 280 m。铁岭以下河段筑有连续堤防，堤距最宽处约 6 000 m，最窄处约 1 000 m，一般河宽 250 ～ 450 m。

辽河支流众多，流域面积大于 1 000 km^2 的一级支流主要有招苏台河、清河、柴河等 19 条。

辽宁省内辽河主要有 4 条入省支流，分别为西辽河、东辽河、招苏台河和条子河，均在辽河上游铁岭段入境。西辽河为辽宁省与内蒙古自治区的跨界河流，东辽河、招苏台河和条子河为辽宁省与吉林省的跨界河流。

1.1 辽河干流

1.1.1 三合屯

所在水体 辽河
汇入水体 渤海
断面属性 控制断面
断面类型 河流
断面时段 “十三五”，“十四五”
断面位置 辽宁省铁岭市昌图县通江口特大桥东 295 m 处
经 纬 度 E 123.6539°，N 42.6140°
水质状况 近 3 年水质有所好转

断面情况示意图

时间	1 月	2 月	3 月	4 月	5 月	6 月	7 月	8 月	9 月	10 月	11 月	12 月
2020 年	Ⅳ	Ⅳ	Ⅳ	Ⅴ	Ⅴ	Ⅳ	Ⅳ	Ⅳ	Ⅳ	Ⅲ	Ⅳ	Ⅲ
2021 年	Ⅱ	Ⅲ	Ⅳ	Ⅳ	Ⅳ	Ⅳ	Ⅳ	Ⅳ	Ⅳ	Ⅳ	Ⅳ	Ⅳ
2022 年	Ⅱ	Ⅱ	Ⅱ	Ⅳ	Ⅴ	Ⅳ	Ⅳ	Ⅳ	Ⅳ	Ⅳ	Ⅳ	Ⅱ

断面桩

污水处理厂基本信息

类型	名称	设计处理能力 /(t/d)	经纬度
乡镇污水处理厂	古榆树镇污水处理厂	400	E 123.6581° N 43.1529°
	通江口镇污水处理厂	700	E 123.7896° N 42.5964°
	头道镇污水处理厂	600	E 123.8605° N 42.8653°
	泉头镇污水处理厂	1 000	E 124.1731° N 42.8724°
	毛家店镇污水处理厂	1 000	E 124.3081° N 43.0520°
	双庙子镇污水处理厂	400	E 124.1896° N 42.9608°
	太平镇污水处理厂	100	E 124.0404° N 42.8804°
	七家子镇污水处理厂	400	E 124.7178° N 42.9937°
	老四平镇污水处理厂	400	E 124.2887° N 43.1330°
	金家镇污水处理厂	600	E 123.7013° N 42.7968°
	后窑镇污水处理厂	700	E 123.6445° N 42.8635°
	老四平工业园污水处理厂	2 000	E 124.3083° N 43.1305°
	两家子农场污水处理厂	1 000	E 123.6812° N 42.6698°
	八面城镇污水处理厂	2 000	E 124.0142° N 43.2055°

2020 年断面上游

2020 年断面下游

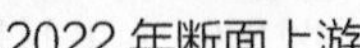

2022 年断面上游

2022 年断面下游

自动监测站

设备间

1.1.2 珠尔山

所在水体 辽河
汇入水体 渤海
断面属性 市界（铁岭市 - 沈阳市）
断面类型 河流
断面时段 “十一五”，“十二五”，“十三五”，“十四五”
断面位置 辽宁省铁岭市铁岭县朱尔山大桥珠尔山村西 278 m 处
经 纬 度 E 123.5507°，N 42.2077°
水质状况 近 3 年水质总体持平

断面情况示意图

时间	1月	2月	3月	4月	5月	6月	7月	8月	9月	10月	11月	12月
2020 年	劣Ⅴ	Ⅴ	Ⅲ	Ⅴ	Ⅳ	Ⅳ	Ⅲ	Ⅳ	Ⅲ	Ⅲ	Ⅲ	Ⅳ
2021 年	Ⅲ	Ⅳ	Ⅲ	Ⅳ	Ⅲ	Ⅳ	Ⅳ	Ⅳ	Ⅳ	Ⅲ	Ⅲ	Ⅲ
2022 年	Ⅲ	Ⅱ	Ⅲ	Ⅳ	Ⅲ	Ⅳ	Ⅳ	Ⅴ	Ⅳ	Ⅳ	Ⅲ	Ⅱ

断面桩

污水处理厂基本信息

类型	名称	设计处理能力 /(t/d)	经纬度
城市污水处理厂	铁岭泓源大禹城市污水处理有限公司	150 000	E 123.8177° N 42.3060°
	新城区污水处理厂	30 000	E 123.7071° N 42.2639°
	中信环境水务（调兵山）有限公司	30 000	E 123.5711° N 42.4451°
	调兵山城南污水处理厂	30 000	E 123.5567° N 42.4068°
	开原造纸产业园污水处理厂	20 000	E 123.9223° N 42.5775°
	昌图县污水处理厂	50 000	E 124.0896° N 42.7722°
	开原市污水处理厂	80 000	E 124.0017° N 42.5575°
	清河区污水处理厂	40 000	E 124.1358° N 42.5402°
	西丰县污水处理厂	25 000	E 124.7076° N 42.7307°
	西丰县工业园区污水处理厂	10 000	E 124.6631° N 42.7394°
	昌图县滨湖污水处理厂	10 000	E 124.0265° N 42.7036°
乡镇污水处理厂	阿吉镇污水处理厂	500	E 123.5428° N 42.2573°
	古榆树镇污水处理厂	400	E 123.6581° N 43.1529°
	通江口镇污水处理厂	700	E 123.7896° N 42.5964°
	大明镇污水处理厂	2 000	E 123.6467° N 42.5124°
	头道镇污水处理厂	600	E 123.8605° N 42.8653°
	泉头镇污水处理厂	1 000	E 124.1731° N 42.8724°
	毛家店镇污水处理厂	1 000	E 124.3081° N 43.0520°
	双庙子镇污水处理厂	400	E 124.1896° N 42.9608°
	太平镇污水处理厂	100	E 124.0404° N 42.8804°
	七家子镇污水处理厂	400	E 124.7178° N 42.9937°
	老四平镇污水处理厂	400	E 124.2887° N 43.1330°
	金家镇污水处理厂	600	E 123.7013° N 42.7968°
	后窑镇污水处理厂	700	E 123.6445° N 42.8635°
	老四平工业园污水处理厂	2 000	E 124.3083° N 43.1305°
	两家子农场污水处理厂	1 000	E 123.6812° N 42.6698°
	八面城镇污水处理厂	2 000	E 124.0142° N 43.2055°

2020 年断面上游

2020 年断面下游

2022 年断面上游

2022 年断面下游

自动监测站

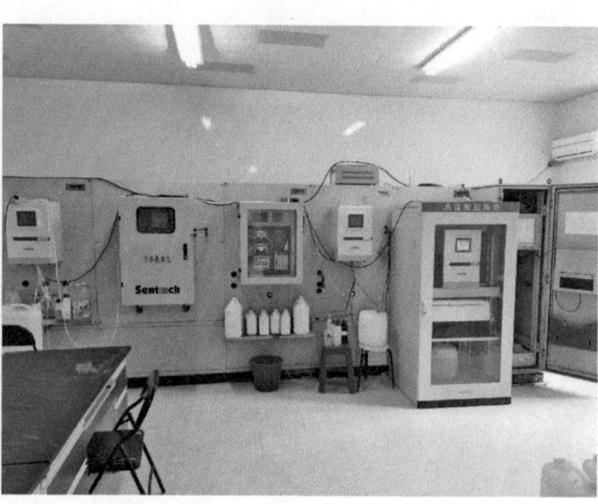

设备间

1.1.3 马虎山

所在水体 辽河
汇入水体 渤海
断面属性 控制断面
断面类型 河流
断面时段 “十三五”，“十四五”
断面位置 辽宁省沈阳市新民市马虎山村西 496 m 处
经 纬 度 E 123.1911°，N 42.1484°
水质状况 近 3 年水质有所好转

断面桩

时间	1月	2月	3月	4月	5月	6月	7月	8月	9月	10月	11月	12月
2020年	V	V	III	V	IV	V	IV	IV	IV	III	IV	III
2021年	III	III	III	IV	IV	IV	IV	III	IV	III	III	III
2022年	IV	III	III	IV	V	IV	III	IV	IV	III	III	III

污水处理厂基本信息

类型	名称	设计处理能力 /(t/d)	经纬度
城市污水处理厂	沈阳振兴环保工程有限公司（新城子污水处理厂）	25 000	E 123.5128° N 42.0720°
	新城子污水处理厂二期	25 000	E 123.5133° N 42.0730°

断面情况示意图

2020 年断面上游

2020 年断面下游

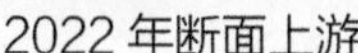

2022 年断面上游

2022 年断面下游

自动监测站

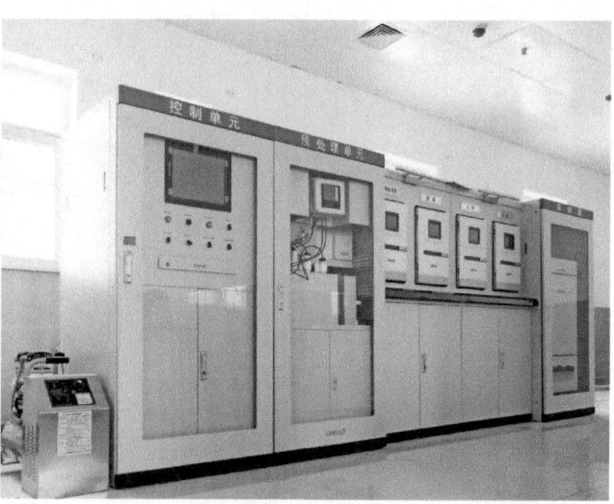

设备间

1.1.4 巨流河大桥

所在水体 辽河
汇入水体 渤海
截面属性： 控制断面
断面类型 河流
断面时段 “十三五”，“十四五”
断面位置 辽宁省沈阳市新民市杨家窝堡东北 212 m 处
经 纬 度 E 122.9452°，N 42.0118°
水质状况 近 3 年水质有所好转

断面桩

时间	1 月	2 月	3 月	4 月	5 月	6 月	7 月	8 月	9 月	10 月	11 月	12 月
2020 年	V	IV	III	V	IV	IV	IV	IV	IV	III	IV	IV
2021 年	III	III	III	IV	IV	IV	IV	IV	IV	IV	III	III
2022 年	III	IV	IV	IV	IV	IV	IV	IV	IV	IV	IV	III

断面情况示意图

2020 年断面上游

2020 年断面下游

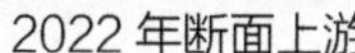

2022 年断面上游

2022 年断面下游

自动监测站

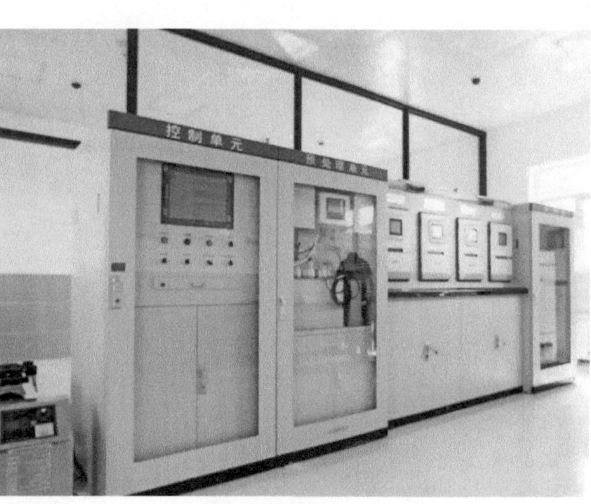

设备间

1.1.5 红庙子

所在水体 辽河
汇入水体 渤海
断面属性 市界（沈阳市 - 鞍山市）
断面类型 河流
断面时段 “十一五”，“十二五”，“十三五”，“十四五”
断面位置 辽宁省沈阳市辽中区红庙子桥
经 纬 度 E 122.6263°，N 41.4557°
水质状况 近 3 年水质有所好转

断面桩

时间	1 月	2 月	3 月	4 月	5 月	6 月	7 月	8 月	9 月	10 月	11 月	12 月
2020 年	IV	IV	IV	IV	IV	IV	IV	V	III	IV	IV	III
2021 年	III		III	III	IV	IV	II	IV	IV	IV	II	III
2022 年	III			IV	IV	II	III	IV	III	III	IV	II

污水处理厂基本信息

类型	名称	设计处理能力 /(t/d)	经纬度
城市污水处理厂	中信环境水务（新民）有限公司（新民市吉康污水处理厂）	80 000	E 122.8529° N 41.9425°

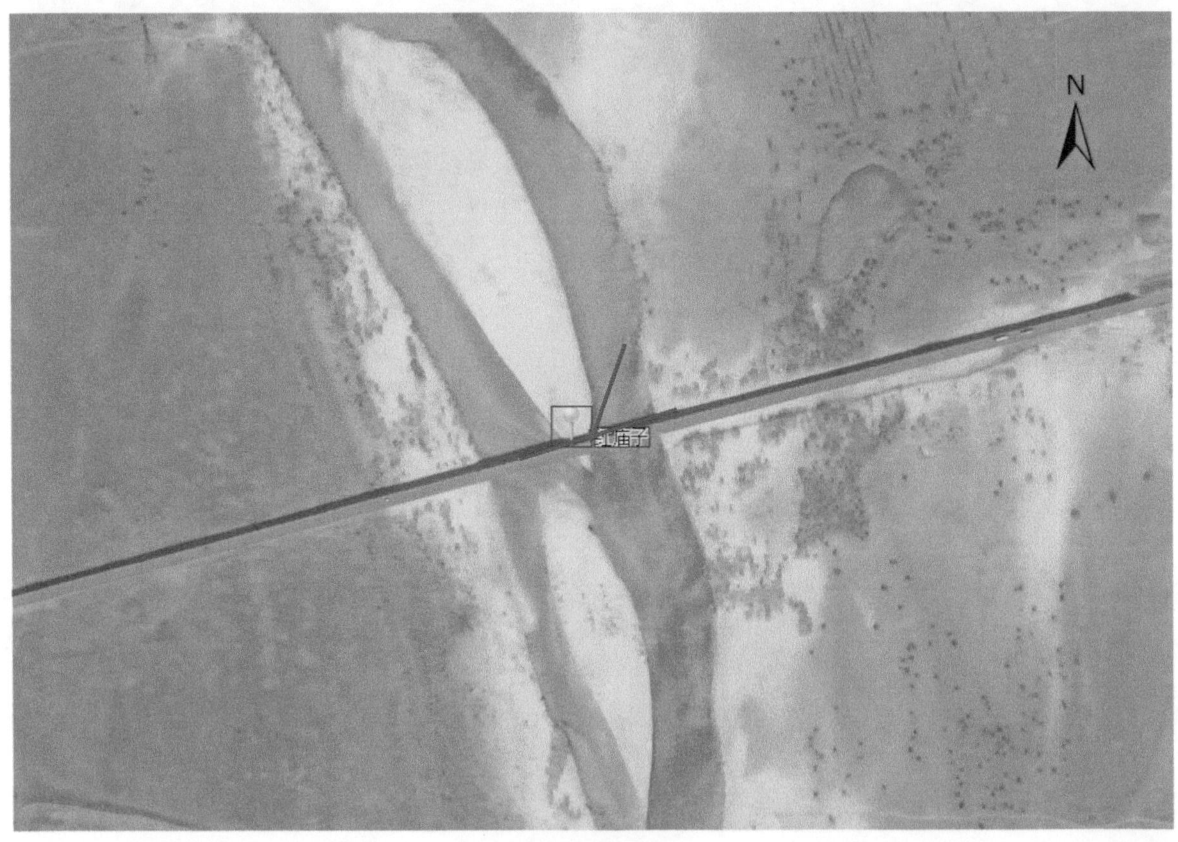

断面情况示意图

2020 年断面上游

2020 年断面下游

2022 年断面上游

2022 年断面下游

1.1.6 盘锦兴安

所在水体 辽河
汇入水体 渤海
断面属性 市界（鞍山市 - 盘锦市）
断面类型 河流
断面时段 “十一五”，“十二五”，“十三五”，“十四五”
断面位置 辽宁省鞍山市台安县冷东大桥
经 纬 度 E 122.2211°，N 41.2122°
水质状况 近 3 年水质有所好转

断面桩

时间	1月	2月	3月	4月	5月	6月	7月	8月	9月	10月	11月	12月
2020年	IV	IV	V	劣V	IV	III	IV	III	III	III	V	IV
2021年	III	IV	III	III	V	III	IV	V	IV	III	III	IV
2022年	IV	IV	II	IV	IV	IV	IV	IV	IV	IV	IV	III

断面情况示意图

2020 年断面上游

2020 年断面下游

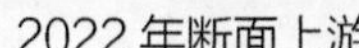

2022 年断面上游

2022 年断面下游

自动监测站

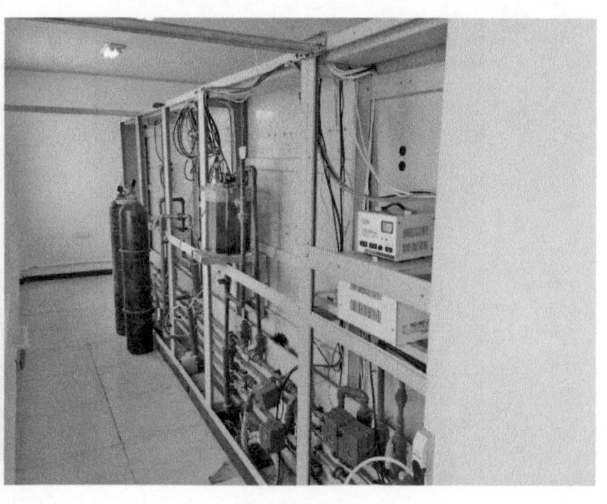

设备间

1.1.7 曙光大桥

所在水体 辽河
汇入水体 渤海
断面属性 控制断面
断面类型 河流
断面时段 “十三五”，“十四五”
断面位置 辽宁省盘锦市大洼区 S308 新兴河务管理站
经 纬 度 E 121.9028°，N 41.1233°
水质状况 近 3 年水质有所好转

断面桩

时间	1 月	2 月	3 月	4 月	5 月	6 月	7 月	8 月	9 月	10 月	11 月	12 月
2020 年	Ⅳ	Ⅳ	Ⅳ	Ⅳ	Ⅳ	Ⅴ	Ⅳ	Ⅳ	Ⅲ	Ⅲ	Ⅳ	Ⅲ
2021 年	Ⅲ	Ⅲ	Ⅲ	Ⅳ	Ⅳ	Ⅳ	Ⅲ	Ⅲ	Ⅲ	Ⅳ	Ⅲ	Ⅲ
2022 年	Ⅳ	Ⅱ	Ⅱ	Ⅳ	Ⅳ	Ⅳ	Ⅳ	Ⅳ	Ⅳ	Ⅳ	Ⅳ	Ⅲ

污水处理厂基本信息

类型	名称	设计处理能力 /(t/d)	经纬度
城市污水处理厂	盘锦双泰污水处理有限公司	100 000	E 121.9946° N 41.1749°
	盘锦城市污水处理有限公司	100 000	E 121.9964° N 41.1230°
	盘锦北控水务有限公司	50 000	E 123.3913° N 41.1316°

断面情况示意图

2020 年断面上游　　2020 年断面下游

2022 年断面上游　　2022 年断面下游

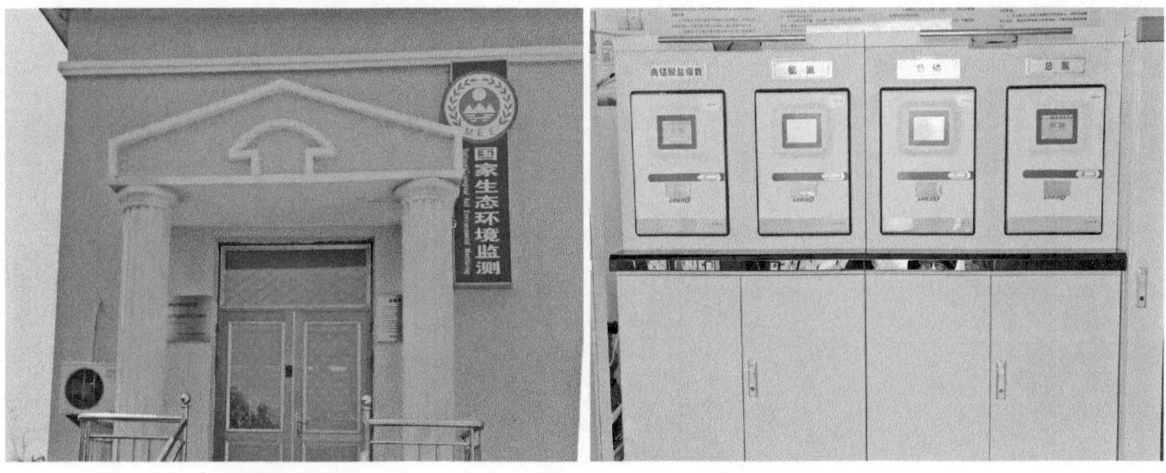

自动监测站　　设备间

1.1.8 赵圈河

所在水体 辽河
汇入水体 渤海
断面属性 入海口
断面类型 河流
断面时段 “十二五”，“十三五”，“十四五”
断面位置 辽宁省盘锦市大洼区滨海路十大股村
经 纬 度 E 121.8897°，N 41.0525°
水质状况 近 3 年水质总体持平

断面桩

时间	1 月	2 月	3 月	4 月	5 月	6 月	7 月	8 月	9 月	10 月	11 月	12 月
2020 年	Ⅳ	Ⅳ	Ⅳ	Ⅲ	Ⅳ	Ⅳ	Ⅳ	Ⅲ	Ⅲ	Ⅲ	Ⅳ	Ⅳ
2021 年	Ⅲ		Ⅳ	Ⅳ	Ⅳ	Ⅴ	Ⅳ	Ⅳ	Ⅲ	Ⅲ	Ⅲ	Ⅳ
2022 年	Ⅲ	Ⅳ	Ⅲ	Ⅳ	Ⅳ	Ⅳ	Ⅳ	Ⅳ	Ⅳ	Ⅳ	Ⅳ	Ⅲ

断面情况示意图

2020 年断面上游

2020 年断面下游

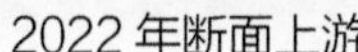

2022 年断面上游

2022 年断面下游

自动监测站

设备间

1.2　东辽河

1.2.1　福德店东

所在水体　东辽河
汇入水体　辽河
断面属性　省界（蒙 - 辽）
断面类型　河流
断面时段　“十四五”
断面位置　辽宁省铁岭市昌图县二道河村西 1 km 处
经 纬 度　E 123.5609°，N 42.9851°
水质状况　近 3 年水质总体持平

断面桩

时间	1 月	2 月	3 月	4 月	5 月	6 月	7 月	8 月	9 月	10 月	11 月	12 月
2020 年				Ⅲ	Ⅳ	Ⅴ	Ⅳ	Ⅱ	Ⅲ	Ⅳ	Ⅲ	Ⅱ
2021 年	Ⅲ	Ⅱ	Ⅲ	Ⅲ	Ⅲ	Ⅲ	Ⅲ	Ⅲ	Ⅲ	Ⅳ	Ⅱ	Ⅲ
2022 年	Ⅱ				Ⅳ	Ⅳ	Ⅳ	Ⅳ	Ⅲ	Ⅲ	Ⅱ	Ⅱ

污水处理厂基本信息

类型	名称	设计处理能力 /(t/d)	经纬度
乡镇污水处理厂	古榆树镇污水处理厂	400	E 123.6581° N 43.1529°

断面情况示意图

2020 年断面上游

2020 年断面下游

2022 年断面上游

2022 年断面下游

自动监测站

设备间

1.3 招苏台河

1.3.1 通江口

所在水体 招苏台河

汇入水体 辽河

断面属性 控制断面

断面类型 河流

断面时段 “十一五”，“十二五”，“十三五”，“十四五”

断面位置 辽宁省铁岭市昌图县后通村西北 232 m 处

经 纬 度 E 123.6730°，N 42.6314°

水质状况 近 3 年水质总体持平

断面情况示意图

时间	1 月	2 月	3 月	4 月	5 月	6 月	7 月	8 月	9 月	10 月	11 月	12 月
2020 年	Ⅳ	Ⅳ	Ⅳ	Ⅳ	Ⅴ	Ⅴ	Ⅴ	劣Ⅴ	Ⅳ	Ⅴ	Ⅳ	Ⅲ
2021 年	Ⅲ	Ⅳ	Ⅳ	Ⅴ	Ⅴ	Ⅴ	Ⅳ	Ⅴ	Ⅴ	Ⅴ	Ⅳ	Ⅲ
2022 年	Ⅲ	Ⅲ	Ⅳ	Ⅳ	Ⅴ	Ⅳ	Ⅳ	Ⅳ	Ⅳ	Ⅳ	Ⅳ	Ⅲ

断面桩

污水处理厂基本信息

类型	名称	设计处理能力 /(t/d)	经纬度
乡镇污水处理厂	头道镇污水处理厂	600	E 123.8605° N 42.8653°
	泉头镇污水处理厂	1 000	E 124.1731° N 42.8724°
	毛家店镇污水处理厂	1 000	E 124.3081° N 43.0520°
	双庙子镇污水处理厂	400	E 124.1896° N 42.9608°
	太平镇污水处理厂	100	E 124.0404° N 42.8804°
	七家子镇污水处理厂	400	E 124.7178° N 42.9937°
	老四平镇污水处理厂	400	E 124.2887° N 43.1330°
	金家镇污水处理厂	600	E 123.7013° N 42.7968°
	后窑镇污水处理厂	700	E 123.6445° N 42.8635°
	老四平工业园污水处理厂	2 000	E 124.3083° N 43.1305°
	两家子农场污水处理厂	1 000	E 123.6812° N 42.6698°
	八面城镇污水处理厂	2 000	E 124.0142° N 43.2055°

2020 年断面上游

2020 年断面下游

2022 年断面上游

2022 年断面下游

自动监测站

设备间

1.4 亮子河

1.4.1 亮子河入河口

所在水体 亮子河
汇入水体 辽河
断面属性 入河口
断面类型 河流
断面时段 “十三五”，“十四五”
断面位置 辽宁省铁岭市开原市后施家堡村北 696 m 处
经 纬 度 E 123.8280°，N 42.4687°
水质状况 近 3 年水质总体持平

断面桩

时间	1 月	2 月	3 月	4 月	5 月	6 月	7 月	8 月	9 月	10 月	11 月	12 月
2020 年	V	劣 V	V	劣 V	V	V	V	IV	V	IV	V	IV
2021 年	V	劣 V	V	V	V	IV	劣 V	IV	IV	IV	IV	IV
2022 年	IV	III	IV	V	V	IV	IV	IV	V	IV	IV	III

污水处理厂基本信息

类型	名称	设计处理能力 /(t/d)	经纬度
乡镇污水处理厂	八宝镇污水处理厂	1 500	E 123.9087° N 42.5641°
	庆云堡镇污水处理厂	2 000	E 123.8588° N 42.5429°
	亮中桥镇污水处理厂	1 000	E 123.8658° N 42.7451°
	昌图老城镇污水处理厂	2 000	E 124.0029° N 42.7817°

断面情况示意图

2020 年断面上游

2020 年断面下游

2022 年断面上游

2022 年断面下游

自动监测站

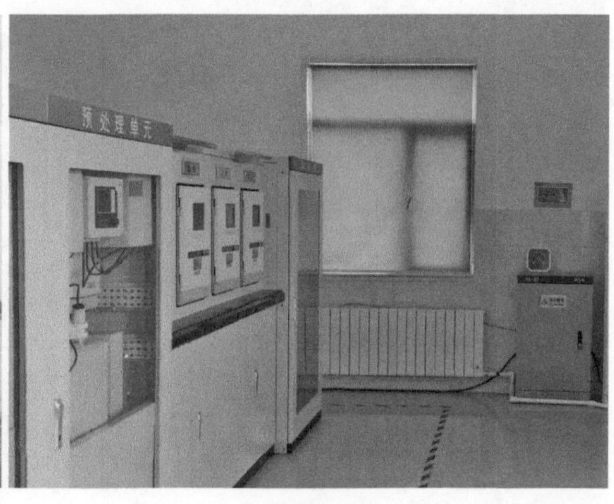

设备间

1.5 清河

1.5.1 大孤家

所在水体 清河
汇入水体 辽河
断面属性 市界（抚顺市 - 铁岭市）
断面类型 河流
断面时段 “十四五”
断面位置 辽宁省抚顺市清原满族自治县大孤家镇北 1 km 桥上
经 纬 度 E 124.3369°，N 42.3858°
水质状况 近 3 年水质总体持平

断面桩

时间	1月	2月	3月	4月	5月	6月	7月	8月	9月	10月	11月	12月
2020年		Ⅳ	Ⅳ	Ⅱ	Ⅱ	Ⅱ	Ⅱ	Ⅱ	Ⅲ	Ⅰ	Ⅱ	Ⅱ
2021年	Ⅱ	Ⅰ	Ⅱ	Ⅱ	Ⅱ	Ⅲ	Ⅱ	Ⅱ	Ⅱ	Ⅱ	Ⅱ	Ⅰ
2022年	Ⅱ	Ⅱ	Ⅱ	Ⅰ	Ⅰ	Ⅰ	Ⅱ	Ⅱ	Ⅱ	Ⅱ	Ⅱ	

断面情况示意图

2020 年断面上游

2020 年断面下游

2022 年断面上游

2022 年断面下游

1.5.2 清辽

所在水体 清河
汇入水体 辽河
断面属性 控制断面
断面类型 河流
断面时段 “十二五”，“十三五”，“十四五”
断面位置 辽宁省铁岭市开原市清辽村西北 1.3 km 处
经 纬 度 E 123.8670°，N 42.4337°
水质状况 近 3 年水质总体持平

断面情况示意图

时间	1 月	2 月	3 月	4 月	5 月	6 月	7 月	8 月	9 月	10 月	11 月	12 月
2020 年	劣Ⅴ	Ⅳ	Ⅲ	Ⅲ	Ⅲ	Ⅲ	Ⅳ	Ⅳ	Ⅳ	Ⅲ	Ⅲ	Ⅲ
2021 年	Ⅳ	Ⅴ	Ⅳ	Ⅲ	Ⅱ	Ⅲ	Ⅲ	Ⅲ	Ⅲ	Ⅲ	Ⅱ	Ⅲ
2022 年	Ⅲ	Ⅲ	Ⅳ	Ⅲ	Ⅱ	Ⅲ	Ⅳ	Ⅲ	Ⅱ	Ⅱ	Ⅱ	Ⅱ

断面桩

污水处理厂基本信息

类型	名称	设计处理能力 /(t/d)	经纬度
城市污水处理厂	昌图县污水处理厂	50 000	E 124.0896° N 42.7722°
	开原市污水处理厂	80 000	E 124.0017° N 42.5575°
	清河区污水处理厂	40 000	E 124.1358° N 42.5402°
	西丰县污水处理厂	25 000	E 124.7076° N 42.7307°
	西丰县工业园区污水处理厂	10 000	E 124.6631° N 42.7394°
	昌图县滨湖污水处理厂	10 000	E 124.0265° N 42.7036°
乡镇污水处理厂	马仲河污水处理厂	600	E 124.0331° N 42.7233°
	八棵树污水处理厂	700	E 124.5034° N 42.4793°
	郜家店镇污水处理厂	600	E 124.4666° N 42.7174°
	振兴镇污水处理厂	500	E 124.9453° N 42.6334°
	安民镇污水处理厂	500	E 124.8975° N 42.7504°
	威远堡镇污水处理厂	600	E 124.2671° N 42.6792°
	业民镇污水处理厂	500	E 123.9430° N 42.5114°
	中固镇污水处理厂	600	E 123.9841° N 42.4272°

2020 年断面上游

2020 年断面下游

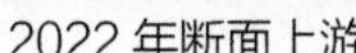

2022 年断面上游

2022 年断面下游

自动监测站

设备间

1.5.3 清河水库入库口

所在水体 清河
汇入水体 辽河
断面属性 控制断面
断面类型 河流
断面时段 “十三五”，“十四五”
断面位置 辽宁省铁岭市清河区白砬子西南 462 m 处
经 纬 度 E 124.4355°，N 42.5190°
水质状况 近 3 年水质总体持平

断面桩

时间	1 月	2 月	3 月	4 月	5 月	6 月	7 月	8 月	9 月	10 月	11 月	12 月
2020 年	II	III	III	III	III	III	III	IV	III	II	II	II
2021 年	II	II	III	III	III	III	III	III	III	III	II	II
2022 年	II	II	III	II	II	III	III	III	III	III	III	II

污水处理厂基本信息

类型	名称	设计处理能力 /(t/d)	经纬度
乡镇污水处理厂	八棵树污水处理厂	700	E 124.5034° N 42.4793°

断面情况示意图

2020 年断面上游

2020 年断面下游

2022 年断面上游

2022 年断面下游

自动监测站

设备间

1.6 柴河

1.6.1 柴河水库入库口

所在水体 柴河
汇入水体 辽河
断面属性 控制断面
断面类型 河流
断面时段 “十三五”，“十四五”
断面位置 辽宁省铁岭市开原市日月星超市南 740 m 处
经 纬 度 E 124.1649°，N 42.2768°
水质状况 近 3 年水质有所好转

断面桩

时间	1 月	2 月	3 月	4 月	5 月	6 月	7 月	8 月	9 月	10 月	11 月	12 月
2020 年	II	II	V	II	III	III	III	III	III	III	II	III
2021 年	II	II	II	II	III	III	III	III	III	IV	II	II
2022 年	II	II	II	III	II	III	IV	III	III	III	II	II

污水处理厂基本信息

类型	名称	设计处理能力 /(t/d)	经纬度
乡镇污水处理厂	开原靠山镇污水处理厂	300	E 124.2288° N 42.2726°

断面情况示意图

2020 年断面上游

2020 年断面下游

2022 年断面上游

2022 年断面下游

自动监测站

设备间

1.6.2 东大桥

所在水体 柴河
汇入水体 辽河
断面属性 控制断面
断面类型 河流
断面时段 “十三五”，“十四五”
断面位置 辽宁省铁岭市铁岭县自然资源局熊官屯中心所北 320 m 处
经 纬 度 E 123.9266°，N 42.2786°
水质状况 近 3 年水质总体持平

断面桩

时间	1 月	2 月	3 月	4 月	5 月	6 月	7 月	8 月	9 月	10 月	11 月	12 月
2020 年	II	II	III	III	II	III	III	II	II	II	III	III
2021 年	II	II	II	II	II	II	II	II	II	II	II	I
2022 年	I	II	II	II	II	III	III	II	II	II	II	II

污水处理厂基本信息

类型	名称	设计处理能力 /(t/d)	经纬度
乡镇污水处理厂	开原靠山镇污水处理厂	300	E 124.2288° N 42.2726°

断面情况示意图

2020 年断面上游

2020 年断面下游

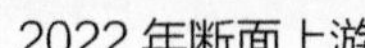

2022 年断面上游

2022 年断面下游

自动监测站

设备间

1.6.3 小孤家

所在水体 柴河
汇入水体 辽河
断面属性 市界（抚顺市 - 铁岭市）
断面类型 河流
断面时段 “十四五”
断面位置 辽宁省抚顺市清原满族自治县小孤家村西 1 km 处
经 纬 度 E 124.5552°，N 42.2883°
水质状况 近 3 年水质总体持平

断面桩

时间	1 月	2 月	3 月	4 月	5 月	6 月	7 月	8 月	9 月	10 月	11 月	12 月
2020 年		III	III	II	I	II	II	IV	III	I	I	I
2021 年	I	I	I	III	II	III	II	III	II	II	II	I
2022 年	I		I	I	I	I	II	II	II	II	II	

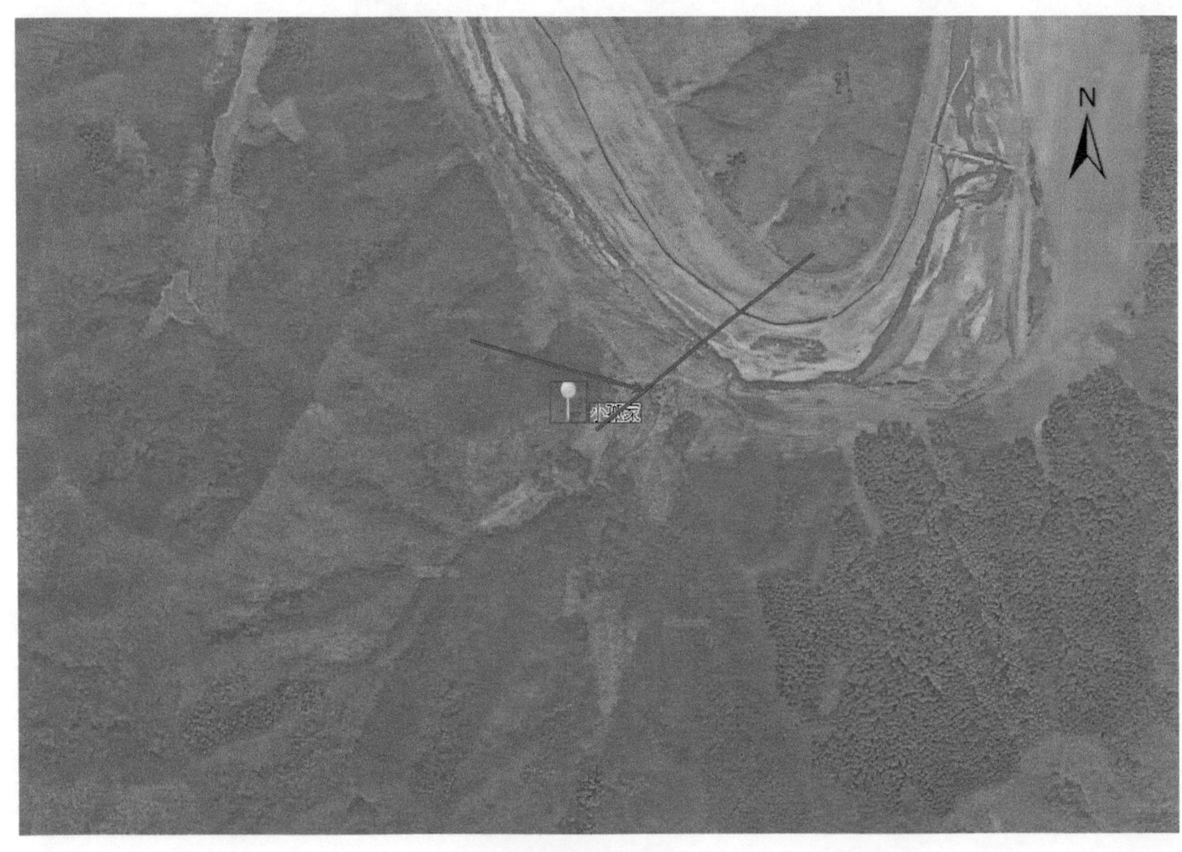

断面情况示意图

2020 年断面上游

2020 年断面下游

2022 年断面上游

2022 年断面下游

1.7 凡河

1.7.1 凡河一号桥

所在水体 凡河
汇入水体 辽河
断面属性 控制断面
断面类型 河流
断面时段 “十三五”，“十四五”
断面位置 辽宁省铁岭市铁岭县黑龙江路
经 纬 度 E 123.6844°，N 42.2472°
水质状况 近 3 年水质有所好转

断面桩

时间	1 月	2 月	3 月	4 月	5 月	6 月	7 月	8 月	9 月	10 月	11 月	12 月
2020 年	II	II	II	IV	IV	IV	IV	IV	III	II	IV	III
2021 年	II	III	II	II	III	III	III	III	III	IV	III	II
2022 年	V	III	II	III	III	IV	III	III	III	III	III	

断面情况示意图

2020 年断面上游

2020 年断面下游

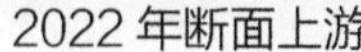

2022 年断面上游

2022 年断面下游

自动监测站

设备间

1.8 拉马河

1.8.1 拉马桥

所在水体 拉马河
汇入水体 辽河
断面属性 控制断面
断面类型 河流
断面时段 “十三五”，“十四五”
断面位置 辽宁省沈阳市法库县东拉马桥东岗东 435 m 处
经 纬 度 E 123.4589°，N 42.2540°
水质状况 近 3 年水质有所好转

断面桩

时间	1月	2月	3月	4月	5月	6月	7月	8月	9月	10月	11月	12月
2020年	Ⅳ	Ⅱ	Ⅴ	Ⅴ	Ⅳ	Ⅲ	Ⅲ	Ⅲ	Ⅳ	Ⅱ	Ⅱ	Ⅱ
2021年	Ⅱ	Ⅱ	Ⅱ	Ⅲ	Ⅳ	Ⅳ	Ⅲ	Ⅳ	Ⅲ	Ⅲ	Ⅳ	Ⅲ
2022年	Ⅲ	Ⅳ	Ⅲ		Ⅲ	Ⅳ	Ⅲ	Ⅳ	Ⅱ	Ⅲ	Ⅲ	Ⅱ

污水处理厂基本信息

类型	名称	设计处理能力 /(t/d)	经纬度
乡镇污水处理厂	法库县团山子污水处理有限公司	30 000	E 123.3569° N 42.4575°
	沈阳法库辽河污水处理有限公司	20 000	E 123.4641° N 42.2303°

断面情况示意图

2020 年断面上游

2020 年断面下游

2022 年断面上游

2022 年断面下游

1.9 老哈河

1.9.1 大北海

所在水体 老哈河
汇入水体 西辽河
断面属性 省界（蒙 - 辽）
断面类型 河流
断面时段 “十四五”
断面位置 辽宁省朝阳市建平县哈拉道口镇大北海村
经 纬 度 E 119.4887°，N 42.3630°
水质状况 近 3 年水质有所好转

断面桩

时间	1 月	2 月	3 月	4 月	5 月	6 月	7 月	8 月	9 月	10 月	11 月	12 月
2020 年	IV	III	I	III	劣 V	劣 V	IV	IV	IV	IV	III	III
2021 年	III	I	I	III	III	II		III	III	II	IV	II
2022 年	IV	II	III	I	II	IV	II	IV	IV	IV	II	IV

断面情况示意图

2020 年断面上游

2020 年断面下游

2022 年断面上游

2022 年断面下游

1.10 柳河

1.10.1 彰武

所在水体 柳河
汇入水体 辽河
断面属性 市界（阜新市 - 沈阳市）
断面类型 河流
断面时段 “十四五”
断面位置 辽宁省阜新市彰武县京沈线柳河大桥桥下
经 纬 度 E 122.5129°，N 42.3667°
水质状况 近 3 年水质总体持平

断面桩

时间	1月	2月	3月	4月	5月	6月	7月	8月	9月	10月	11月	12月
2020年				Ⅳ	Ⅱ	Ⅳ	Ⅳ	Ⅳ	Ⅳ	Ⅱ	Ⅲ	Ⅲ
2021年			Ⅲ	Ⅴ	Ⅲ	Ⅱ	Ⅴ	Ⅳ	Ⅲ	Ⅲ	Ⅲ	Ⅲ
2022年	Ⅱ	Ⅲ		Ⅲ	Ⅲ	Ⅳ	Ⅳ	Ⅳ	Ⅲ	Ⅲ	Ⅲ	Ⅱ

断面情况示意图

2020 年断面上游

2020 年断面下游

2022 年断面上游

2022 年断面下游

1.10.2 柳河桥

所在水体 柳河
汇入水体 辽河
断面属性 控制断面
断面类型 河流
断面时段 “十三五”，“十四五”
断面位置 辽宁省沈阳市新民市沈阳恒丰源集团产业园西 609 m 处
经 纬 度 E 122.7625°，N 42.0025°
水质状况 近 3 年水质有所好转

断面桩

时间	1 月	2 月	3 月	4 月	5 月	6 月	7 月	8 月	9 月	10 月	11 月	12 月
2020 年	Ⅳ	Ⅳ	Ⅳ	Ⅴ	劣Ⅴ	Ⅳ	Ⅴ		Ⅴ		Ⅲ	
2021 年			Ⅳ	劣Ⅴ	劣Ⅴ	Ⅳ	Ⅳ	Ⅲ	Ⅳ	Ⅲ	Ⅲ	Ⅲ
2022 年	Ⅲ		Ⅳ	Ⅲ	Ⅲ	Ⅳ	Ⅲ	Ⅲ	Ⅱ	Ⅳ	Ⅱ	Ⅱ

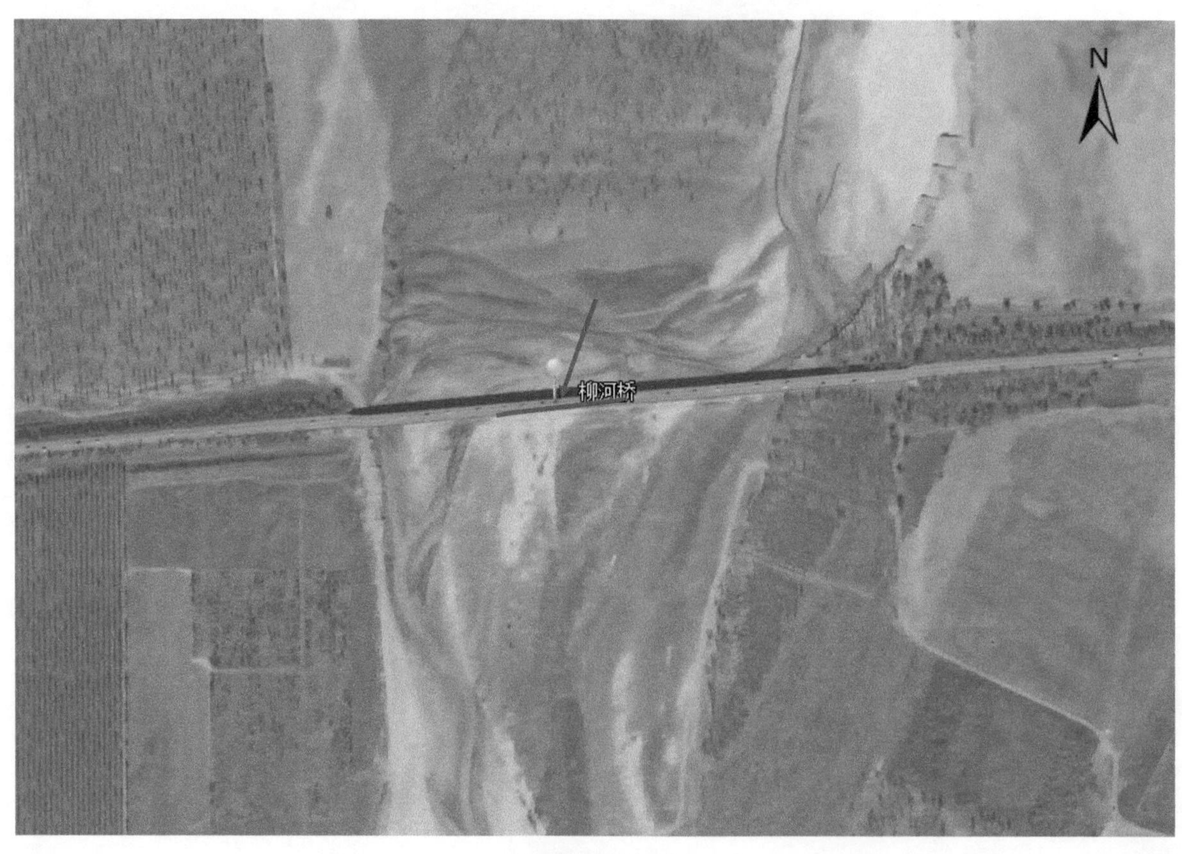

断面情况示意图

2020 年断面上游

2020 年断面下游

2022 年断面上游

2022 年断面下游

1.10.3 闹德海

所在水体 柳河
汇入水体 辽河
断面属性 省界（蒙 - 辽）
断面类型 河流
断面时段 “十四五”
断面位置 辽宁省阜新市彰武县闹德海水库北 588 m 处
经 纬 度 E 122.1653°，N 42.6844°
水质状况 近 3 年水质有所好转

断面桩

时间	1 月	2 月	3 月	4 月	5 月	6 月	7 月	8 月	9 月	10 月	11 月	12 月
2020 年				Ⅳ	Ⅲ	Ⅲ	Ⅳ	Ⅲ	Ⅳ	Ⅱ	Ⅱ	Ⅱ
2021 年	Ⅱ	Ⅱ	Ⅱ	Ⅱ	Ⅲ	Ⅲ	Ⅲ	Ⅳ	Ⅳ	Ⅱ	Ⅱ	Ⅱ
2022 年	Ⅱ	Ⅱ			Ⅲ	Ⅳ	Ⅱ	Ⅲ	Ⅲ	Ⅱ	Ⅱ	Ⅱ

断面情况示意图

2020 年断面上游

2020 年断面下游

2022 年断面上游

2022 年断面下游

自动监测站

设备间

1.11 绕阳河

1.11.1 东白城子

所在水体 绕阳河
汇入水体 辽河
断面属性 控制断面
断面类型 河流
断面时段 “十四五”
断面位置 辽宁省阜新市彰武县北绕阳河大桥下
经 纬 度 E 122.3906°，N 42.2464°
水质状况 近 3 年水质有所好转

断面桩

时间	1 月	2 月	3 月	4 月	5 月	6 月	7 月	8 月	9 月	10 月	11 月	12 月
2020 年		Ⅳ	Ⅳ	Ⅳ	Ⅲ	Ⅳ			Ⅲ	Ⅲ	Ⅲ	Ⅲ
2021 年			Ⅲ	Ⅱ	Ⅲ	Ⅳ	Ⅲ	Ⅲ	Ⅲ	Ⅱ	Ⅱ	Ⅲ
2022 年	Ⅲ		Ⅲ	Ⅱ	Ⅲ	Ⅲ	Ⅳ	Ⅲ	Ⅱ	Ⅲ	Ⅴ	Ⅱ

断面情况示意图

2020 年断面上游

2020 年断面下游

2022 年断面上游

2022 年断面下游

1.11.2 金家

所在水体 绕阳河
汇入水体 辽河
断面属性 市界（锦州市 - 盘锦市）
断面类型 河流
断面时段 “十四五”
断面位置 辽宁省锦州市黑山县蔡胡村水坝
经 纬 度 E 122.3749°，N 41.5755°
水质状况 近 3 年水质有所好转

断面桩

时间	1 月	2 月	3 月	4 月	5 月	6 月	7 月	8 月	9 月	10 月	11 月	12 月
2020 年		Ⅳ	Ⅳ	Ⅱ	Ⅳ	Ⅲ	Ⅳ		Ⅳ	Ⅳ	Ⅲ	
2021 年	Ⅱ	Ⅱ	Ⅲ	Ⅱ	Ⅲ	Ⅲ	Ⅳ	劣Ⅴ	Ⅲ	Ⅳ	Ⅳ	Ⅳ
2022 年	Ⅲ	Ⅱ	Ⅱ		Ⅳ	Ⅲ			Ⅱ	Ⅲ	Ⅲ	Ⅱ

断面情况示意图

2020 年断面上游

2020 年断面下游

2022 年断面上游

2022 年断面下游

1.11.3 胜利塘

所在水体 绕阳河
汇入水体 辽河
截面属性 控制断面
断面类型 河流
断面时段 “十三五”，“十四五”
断面位置 辽宁省盘锦市兴隆台区胜利塘大桥
经 纬 度 E 121.8078°，N 41.1478°
水质状况 近 3 年水质总体持平

断面桩

时间	1 月	2 月	3 月	4 月	5 月	6 月	7 月	8 月	9 月	10 月	11 月	12 月
2020 年	V	IV	IV	IV	IV	V	IV	IV	IV	IV	劣 V	劣 V
2021 年	IV	IV	IV	IV	IV	V	IV	IV	IV	IV	III	III
2022 年	IV	IV	IV	IV	IV	IV	III	IV	IV	IV	V	V

污水处理厂基本信息

类型	名称	设计处理能力 /(t/d)	经纬度
城市污水处理厂	盘山县新县城污水处理厂	10 000	E 122.1575° N 41.0372°

断面情况示意图

2020 年断面上游

2020 年断面下游

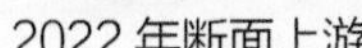

2022 年断面上游

2022 年断面下游

自动监测站

设备间

1.12 小柳河

1.12.1 丁家柳河桥

所在水体 小柳河
汇入水体 辽河
断面属性 市界（鞍山市 - 盘锦市）
断面类型 河流
断面时段 “十四五”
断面位置 辽宁省盘锦市盘山县丁家柳河桥
经 纬 度 E 122.2260°，N 41.2367°
水质状况 近 3 年水质总体持平

断面桩

时间	1月	2月	3月	4月	5月	6月	7月	8月	9月	10月	11月	12月
2020年	V	IV	V	劣V	III	III	劣V	IV	IV	V	V	劣V
2021年	IV	V	IV	IV	IV	IV	IV	劣V	V	劣V	V	IV
2022年	IV	V	IV		IV	IV	V	劣V	V	V	V	V

污水处理厂基本信息

类型	名称	设计处理能力 /(t/d)	经纬度
城市污水处理厂	台安桑德清源水务有限公司	20 000	E 122.4125° N 41.3762°
	台安桑德水务有限公司	25 000	E 122.3835° N 41.3747°
乡镇污水处理厂	台安农清污水处理有限公司	30 000	E 122.4496° N 41.3610°

断面情况示意图

2020 年断面上游

2020 年断面下游

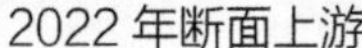

2022 年断面上游

2022 年断面下游

自动监测站

1.13 新开河

1.13.1 石门子

所在水体 新开河
汇入水体 柳河
断面属性 省界（蒙 - 辽）
断面类型 河流
断面时段 “十四五”
断面位置 辽宁省阜新市彰武县 G505 内蒙古自治区与彰武县交界处
经 纬 度 E 121.9187°，N 42.6583°
水质状况 近 3 年水质总体持平

断面桩

时间	1月	2月	3月	4月	5月	6月	7月	8月	9月	10月	11月	12月
2020年				II	II	III		IV	III	III	II	
2021年				II	II	III	IV	V	III	II	II	I
2022年					II	III	II	II	II	II	II	

污水处理厂基本信息

类型	名称	设计处理能力 /(t/d)	经纬度
乡镇污水处理厂	阜新蒙古族自治县旧庙镇污水处理厂	1 000	E 121.6277° N 42.3834°

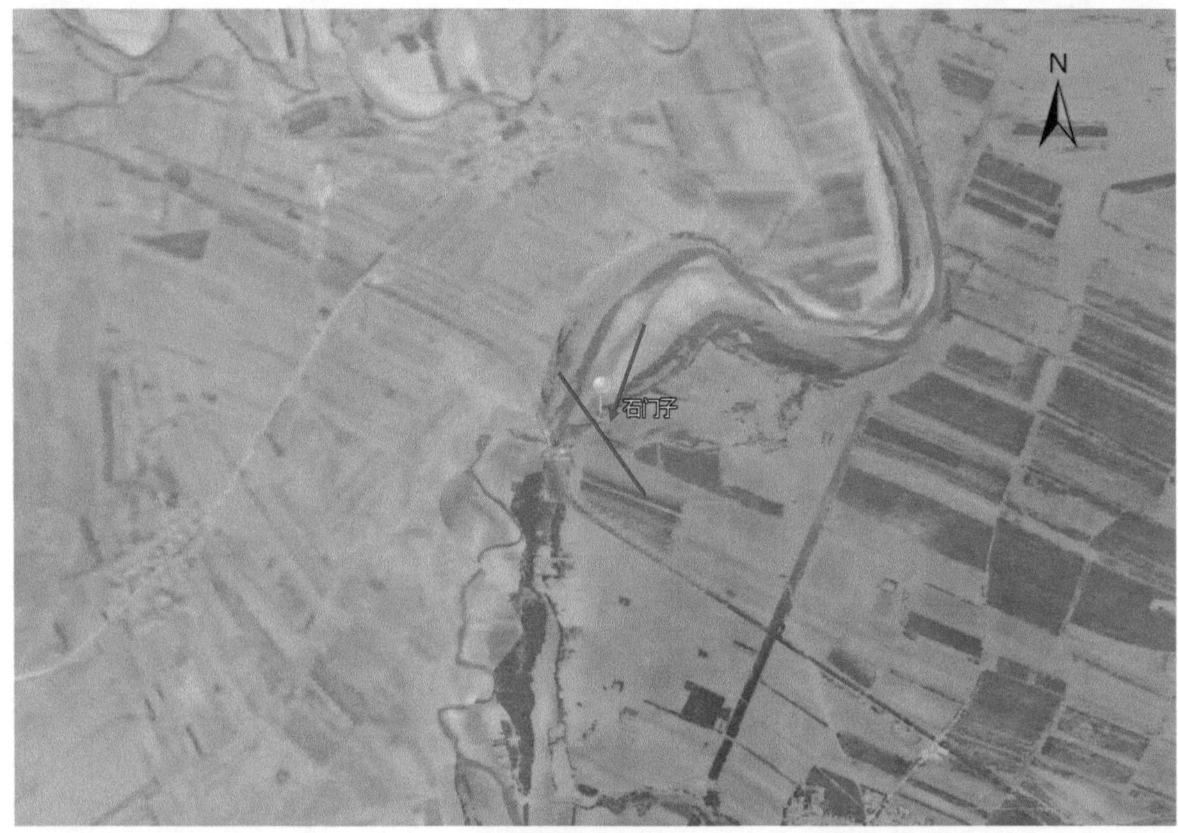

断面情况示意图

2020 年断面上游

2020 年断面下游

2022 年断面上游

2022 年断面下游

1.14 秀水河

1.14.1 公主屯

所在水体 秀水河
汇入水体 辽河
断面属性 控制断面
断面类型 河流
断面时段 “十四五”
断面位置 辽宁省沈阳市新民市公主屯镇医院东北 651 m 处
经 纬 度 E 123.0219°，N 42.1689°
水质状况 近 3 年水质总体持平

断面桩

时间	1月	2月	3月	4月	5月	6月	7月	8月	9月	10月	11月	12月
2020 年		劣V	劣V	V	IV	V	V		IV	IV	III	V
2021 年	IV			劣V	IV	III	V	V	IV	III	V	V
2022 年	IV	III	III	V	V	IV	IV	IV	IV	IV	IV	IV

断面情况示意图

2020 年断面上游

2020 年断面下游

2022 年断面上游

2022 年断面下游

1.15 养息牧河

1.15.1 养息牧门

所在水体 养息牧河
汇入水体 辽河
断面属性 市界（阜新市 - 沈阳市）
断面类型 河流
断面时段 “十四五”
断面位置 辽宁省阜新市彰武县养息牧门
经 纬 度 E 122.6975°，N 42.2694°
水质状况 近 3 年水质总体持平

断面桩

时间	1月	2月	3月	4月	5月	6月	7月	8月	9月	10月	11月	12月
2020 年	V	IV	III	IV	V	IV	IV	IV	劣V	III	III	IV
2021 年	劣V	IV	IV	V	IV	IV	III	III	V	IV	III	IV
2022 年	IV	劣V	IV	V	IV	IV	IV	V	IV	IV	III	

污水处理厂基本信息

类型	名称	设计处理能力 /(t/d)	经纬度
城市污水处理厂	彰武县利源污水处理有限公司	20 000	E 122.5569° N 42.3736°

断面情况示意图

2020 年断面上游

2020 年断面下游

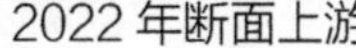

2022 年断面上游

2022 年断面下游

自动监测站

设备间

1.15.2 旧门桥

所在水体 养息牧河
汇入水体 辽河
断面属性 入河口
断面类型 河流
断面时段 “十四五”
断面位置 辽宁省沈阳市新民市 S106 新革大桥下
经 纬 度 E 122.9111°，N 42.0954°
水质状况 近 3 年水质总体持平

断面桩

时间	1月	2月	3月	4月	5月	6月	7月	8月	9月	10月	11月	12月
2020年				Ⅳ	劣Ⅴ	Ⅴ	Ⅴ		Ⅳ	Ⅳ	Ⅲ	Ⅳ
2021年				Ⅳ	Ⅳ	Ⅴ	Ⅲ	Ⅲ	Ⅴ	Ⅳ	劣Ⅴ	Ⅳ
2022年				Ⅴ	Ⅴ	Ⅳ	Ⅳ	Ⅴ	Ⅳ	Ⅳ	Ⅲ	Ⅳ

断面情况示意图

2020 年断面上游

2020 年断面下游

2022 年断面上游

2022 年断面下游

1.16 蹦河

1.16.1 侯杨丈子村西

所在水体 蹦河
汇入水体 老哈河
断面属性 省界（辽 - 蒙）
断面类型 河流
断面时段 “十四五”
断面位置 辽宁省朝阳市建平县北二十家子镇扎兰营子村
经 纬 度 E 119.7293°，N 42.2073°
水质状况 近 3 年水质总体持平

断面桩

时间	1 月	2 月	3 月	4 月	5 月	6 月	7 月	8 月	9 月	10 月	11 月	12 月
2020 年	II	II		IV	II	III	III		II	IV	II	I
2021 年			II	III			III	III	II	II		I
2022 年				II	II	II	II	II	II	II	II	

断面情况示意图

2020 年断面上游

2020 年断面下游

2022 年断面上游

2022 年断面下游

1.17 东沙河

1.17.1 八道河桥

所在水体 东沙河
汇入水体 绕阳河
断面属性 控制断面
断面类型 河流
断面时段 “十四五”
断面位置 辽宁省阜新市阜新蒙古族自治县
经 纬 度 E 122.0581°，N 42.0736°
水质状况 近 3 年水质有所好转

断面桩

时间	1 月	2 月	3 月	4 月	5 月	6 月	7 月	8 月	9 月	10 月	11 月	12 月
2020 年		Ⅳ	Ⅳ	Ⅰ	Ⅳ	Ⅳ			Ⅳ	Ⅲ	Ⅳ	Ⅲ
2021 年	Ⅲ	Ⅱ	Ⅰ	Ⅰ	Ⅰ	Ⅰ	Ⅲ	Ⅲ	Ⅲ	Ⅱ	Ⅱ	Ⅲ
2022 年	Ⅲ	Ⅲ			Ⅱ	Ⅲ	Ⅲ	Ⅱ	Ⅱ	Ⅱ	Ⅱ	Ⅱ

污水处理厂基本信息

类型	名称	设计处理能力 /(t/d)	经纬度
乡镇污水处理厂	阜新蒙古族自治县新洁污水处理有限公司	1 000	E 122.0208° N 42.0919°

断面情况示意图

2020 年断面上游

2022 年断面上游

2022 年断面下游

1.17.2 东沙河入河口

所在水体 东沙河
汇入水体 绕阳河
断面属性 市界（锦州市 - 盘锦市）
断面类型 河流
断面时段 “十四五”
断面位置 辽宁省锦州市北镇市大兴庄村东沙河桥上游 1.2 km 处
经 纬 度 E 122.1757°，N 41.4493°
水质状况 近 3 年水质明显好转

断面桩

时间	1月	2月	3月	4月	5月	6月	7月	8月	9月	10月	11月	12月
2020 年	IV	II	III	IV	V	IV	IV		IV	III	IV	IV
2021 年	IV	II	I	III	IV	IV	III	IV	IV	III	III	III
2022 年	III	II	II		III	IV	III	III	IV	III	II	II

断面情况示意图

2020 年断面上游

2020 年断面下游

2022 年断面上游

2022 年断面下游

1.18 二道河

1.18.1 二道河水库口

所在水体　二道河
汇入水体　汤河水库
截面属性：控制断面
断面类型　河流
断面时段　“十三五”，“十四五”
断面位置　辽宁省辽阳市辽阳县二道河桥辽阳正香醇酒业有限公司北 697 m 处
经 纬 度　E 123.4044°，N 41.0166°
水质状况　近 3 年水质总体持平

断面桩

时间	1 月	2 月	3 月	4 月	5 月	6 月	7 月	8 月	9 月	10 月	11 月	12 月
2020 年	I	I	I	I	II	I	II	IV	II	I	III	III
2021 年	I	I	I	I	I	II	III	II	II	II	I	I
2022 年	I	II	I	I	I	II	II	II	I	I	I	I

断面情况示意图

2020 年断面上游

2020 年断面下游

2022 年断面上游

2022 年断面下游

自动监测站

设备间

1.18.2 肖家堡

所在水体 二道河
汇入水体 招苏台河
断面属性 控制断面
断面类型 河流
断面时段 “十四五”
断面位置 辽宁省铁岭市昌图县肖家窝堡西北 235 m 处
经 纬 度 E 123.7359°，N 42.8763°
水质状况 近 3 年水质总体持平

断面桩

时间	1 月	2 月	3 月	4 月	5 月	6 月	7 月	8 月	9 月	10 月	11 月	12 月
2020 年	III	IV	V	IV	V	V	V	劣 V	V	IV	III	IV
2021 年	IV	IV	V	V	IV	V	IV	V	IV	III	III	III
2022 年	III	II	IV		III	IV	V	III	III	IV	II	II

污水处理厂基本信息

类型	名称	设计处理能力 /(t/d)	经纬度
乡镇污水处理厂	头道镇污水处理厂	600	E 123.8605° N 42.8653°
	泉头镇污水处理厂	1 000	E 124.1731° N 42.8724°
	毛家店镇污水处理厂	1 000	E 124.3081° N 43.0520°
	双庙子镇污水处理厂	400	E 124.1896° N 42.9608°
	太平镇污水处理厂	100	E 124.0404° N 42.8804°

断面情况示意图

2020 年断面上游

2020 年断面下游

2022 年断面上游

2022 年断面下游

1.19 寇河

1.19.1 松树水文站

所在水体 寇河
汇入水体 清河
断面属性 控制断面
断面类型 河流
断面时段 “十三五”，“十四五”
断面位置 辽宁省铁岭市西丰县 S301（辽开线）
经 纬 度 E 124.3731°，N 42.7172°
水质状况 近 3 年水质有所好转

断面桩

时间	1 月	2 月	3 月	4 月	5 月	6 月	7 月	8 月	9 月	10 月	11 月	12 月
2020 年	III	IV	V	V	III	V	V	IV	III	III	II	II
2021 年	III	III	III	III	IV	IV	IV	IV	IV	III	III	II
2022 年	III	III	III	IV	IV	IV	IV	III	II	II	II	II

污水处理厂基本信息

类型	名称	设计处理能力 /(t/d)	经纬度
城市污水处理厂	西丰县污水处理厂	25 000	E 124.7076° N 42.7307°
	西丰县工业园区污水处理厂	10 000	E 124.6631° N 42.7394°
乡镇污水处理厂	郜家店镇污水处理厂	600	E 124.4666° N 42.7174°
	振兴镇污水处理厂	500	E 124.9453° N 42.6334°
	安民镇污水处理厂	500	E 124.8975° N 42.7504°

断面情况示意图

2020 年断面上游

2020 年断面下游

2022 年断面上游

2022 年断面下游

自动监测站

设备间

1.20 庞家河

1.20.1 柳家桥

所在水体 庞家河
汇入水体 绕阳河
断面属性 市界（锦州市 - 盘锦市）
断面类型 河流
断面时段 “十三五”，“十四五”
断面位置 辽宁省锦州市北镇市怡香居饭店东南 700 m 处
经 纬 度 E 122.1350°，N 41.4903°
水质状况 近 3 年水质总体持平

断面桩

时间	1 月	2 月	3 月	4 月	5 月	6 月	7 月	8 月	9 月	10 月	11 月	12 月
2020 年	Ⅳ	Ⅳ	Ⅳ	Ⅳ	Ⅴ	Ⅴ			Ⅴ	Ⅳ	Ⅲ	Ⅳ
2021 年	Ⅳ	Ⅴ	Ⅳ	Ⅴ	Ⅳ	Ⅳ	劣Ⅴ	Ⅳ	Ⅴ	Ⅳ	Ⅳ	Ⅳ
2022 年	Ⅳ	Ⅳ	Ⅴ		Ⅳ	Ⅴ			Ⅳ	Ⅳ	Ⅳ	Ⅳ

污水处理厂基本信息

类型	名称	设计处理能力 /(t/d)	经纬度
城市污水处理厂	黑山北方清源水务有限公司	30 000	E 122.1255° N 41.6714°
乡镇污水处理厂	黑山县大虎山镇污水处理厂	4 000	E 122.1267° N 41.6119°

断面情况示意图

2020 年断面上游

2020 年断面下游

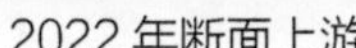

2022 年断面上游

2022 年断面下游

自动监测站

设备间

第二章 · 浑河

浑河发源于辽宁省清原满族自治县滚马岭，流经抚顺市和沈阳市城区及清原、新宾、抚顺、辽中、灯塔、辽阳、海城、台安等县（市、区），在三岔河处与太子河汇合后称大辽河。河长 415 km，流域面积为 11 481 km^2，多年平均年径流量为 21.40 亿 m^3。

浑河属于典型的受控河流，上游建有大伙房水库。流域面积大于 100 km^2 的支流有 31 条，主要支流右岸有英额河、章党河、万泉河、细河和蒲河等，左岸有苏子河、萨尔浒河、社河、东洲河、古城河、拉古河、白塔堡河等。

2.1 浑河干流

2.1.1 北杂木

所在水体 浑河清原段
汇入水体 大伙房水库
断面属性 控制断面
断面类型 河流
断面时段 “十三五”，“十四五”
断面位置 辽宁省抚顺市清原满族自治县北杂木大桥
经 纬 度 E 124.4095°，N 41.9801°
水质状况 近 3 年水质总体持平

断面桩

时间	1月	2月	3月	4月	5月	6月	7月	8月	9月	10月	11月	12月
2020年	II	III	III	II	III	III	IV	III	III	III	II	II
2021年	II	III	III	II	II	III	III	III	II	II	II	I
2022年	II	II	II	II	II	III	III	III	II	II	II	

污水处理厂基本信息

类型	名称	设计处理能力 /(t/d)	经纬度
乡镇污水处理厂	南杂木镇污水处理厂	2 000	E 124.3915° N 41.9779°
	红透山镇污水处理厂	5 000	E 124.5062° N 41.9977°
	新宾镇污水处理厂	15 000	E 124.8912° N 42.0839°

断面情况示意图

2020 年断面上游

2020 年断面下游

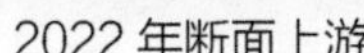

2022 年断面上游

2022 年断面下游

自动监测站

设备间

2.1.2 大伙房水库

所在水体 浑河
汇入水体 大辽河
断面属性 控制断面
断面类型 河流
断面时段 “十一五”，“十二五”，“十三五”，“十四五”
断面位置 辽宁省抚顺市东洲区绥化路国家地表水水质自动监测网大伙房水库站附近 8 m 处
经 纬 度 E 124.0815°，N 41.8857°
水质状况 近 3 年水质总体持平

断面桩

时间	1月	2月	3月	4月	5月	6月	7月	8月	9月	10月	11月	12月
2020 年	II	II	II	II	II	II	II	I	II	II	II	II
2021 年	II	II	II	II	II	I	I	II	II	II	II	I
2022 年	I	I	I	I	I	I	III	II	II	II	II	II

断面情况示意图

2020 年断面上游

2020 年断面下游

2022 年断面上游

2022 年断面下游

自动监测站

设备间

2.1.3 阿及堡

所在水体 章党河
汇入水体 浑河
断面属性 控制断面
断面类型 河流
断面时段 “十一五”，“十二五”，“十三五”，“十四五”
断面位置 辽宁省抚顺市抚顺县詹白线阿及村东北 1 km 处
经 纬 度 E 124.1340°，N 41.9544°
水质状况 近 3 年水质总体持平

断面桩

时间	1 月	2 月	3 月	4 月	5 月	6 月	7 月	8 月	9 月	10 月	11 月	12 月
2020 年	II	III	V	II	II	II	III	II	II	II	II	II
2021 年	II	II	II	II	II	III	II	III	III	III	II	II
2022 年	III	II	II	II	II	III	III	II	II	II	II	II

断面情况示意图

2020 年断面上游

2020 年断面下游

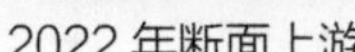

2022 年断面上游

2022 年断面下游

自动监测站

设备间

2.1.4 戈布桥

所在水体 浑河
汇入水体 大辽河
断面属性 控制断面
断面类型 河流
断面时段 “十一五”，“十二五”，“十三五”，“十四五”
断面位置 辽宁省抚顺市顺城区葛布大桥
经 纬 度 E 123.8635°，N41.8636°
水质状况 近 3 年水质有所好转

断面桩

时间	1月	2月	3月	4月	5月	6月	7月	8月	9月	10月	11月	12月
2020年	Ⅳ	Ⅴ	Ⅳ	Ⅱ	Ⅱ	Ⅳ	Ⅱ	Ⅱ	Ⅲ	Ⅱ	Ⅳ	Ⅱ
2021年	Ⅳ	Ⅲ	Ⅲ	Ⅲ	Ⅱ	Ⅲ	Ⅱ	Ⅱ	Ⅲ	Ⅲ	Ⅳ	Ⅱ
2022年	Ⅱ	Ⅲ	Ⅳ	Ⅳ	Ⅳ	Ⅳ	Ⅱ	Ⅱ	Ⅱ	Ⅱ	Ⅱ	Ⅱ

断面情况示意图

2020 年断面上游

2020 年断面下游

2022 年断面上游

2022 年断面下游

自动监测站

设备间

2.1.5 高坎大桥

所在水体 浑河
汇入水体 大辽河
断面属性 市界（抚顺市 - 沈阳市）
断面类型 河流
断面时段 “十一五”，“十二五”，“十三五”，“十四五”
断面位置 辽宁省沈阳市浑南区高坎大桥
经 纬 度 E 123.6052°，N 41.8284°
水质状况 近 3 年水质总体持平

断面桩

时间	1月	2月	3月	4月	5月	6月	7月	8月	9月	10月	11月	12月
2020年	Ⅳ	Ⅴ	Ⅴ	Ⅳ	Ⅳ	Ⅳ	Ⅱ	Ⅲ	Ⅲ	Ⅲ	Ⅲ	Ⅲ
2021年	Ⅳ	Ⅴ	Ⅲ	Ⅲ	Ⅲ	Ⅲ	Ⅲ	Ⅲ	Ⅲ	Ⅲ	Ⅲ	Ⅲ
2022年	Ⅲ	Ⅲ	Ⅳ		Ⅲ	Ⅲ	Ⅲ	Ⅲ	Ⅳ	Ⅳ	Ⅳ	Ⅲ

断面情况示意图

2020 年断面上游

2020 年断面下游

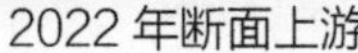

2022 年断面上游

2022 年断面下游

自动监测站

设备间

2.1.6 砂山

所在水体 浑河
汇入水体 大辽河
断面属性 控制断面
断面类型 河流
断面时段 “十一五”，“十二五”，“十三五”，“十四五”
断面位置 辽宁省沈阳市和平区南京桥南京南路立交桥东南 214 m 处
经 纬 度 E 123.3901°，N 41.7562°
水质状况 近 3 年水质总体持平

断面桩

时间	1月	2月	3月	4月	5月	6月	7月	8月	9月	10月	11月	12月
2020 年	Ⅳ	劣Ⅴ	Ⅴ	Ⅲ	Ⅲ	Ⅳ	Ⅳ	Ⅱ	Ⅲ	Ⅲ	Ⅱ	Ⅲ
2021 年	Ⅳ	Ⅳ	Ⅳ	Ⅲ	Ⅲ	Ⅲ	Ⅱ	Ⅱ	Ⅱ	Ⅲ	Ⅲ	Ⅳ
2022 年	Ⅴ	Ⅳ	Ⅳ	Ⅲ	Ⅲ	Ⅲ	Ⅲ	Ⅲ	Ⅲ	Ⅱ	Ⅱ	Ⅲ

污水处理厂基本信息

类型	名称	设计处理能力 /(t/d)	经纬度
城市污水处理厂	东部污水处理厂	50 000	E 123.5250° N 41.8295°
	棋盘山开发区污水处理厂	10 000	E 123.5983° N 41.8456°
	泗水污水处理厂	20 000	E 123.7200° N 41.9014°
	满堂河污水处理厂	20 000	E 123.5523° N 41.8154°

断面情况示意图

2020 年断面上游

2020 年断面下游

2022 年断面上游

2022 年断面下游

自动监测站

设备间

2.1.7 王纲大桥

所在水体 浑河
汇入水体 大辽河
断面属性 控制断面
断面类型 河流
断面时段 “十四五”
断面位置 辽宁省沈阳市苏家屯区王纲大桥下
经 纬 度 E 123.1125°，N 41.6213°
水质状况 近 3 年水质总体持平

断面桩

时间	1 月	2 月	3 月	4 月	5 月	6 月	7 月	8 月	9 月	10 月	11 月	12 月
2020 年	Ⅴ	Ⅳ	Ⅳ	Ⅲ	Ⅲ	Ⅳ	Ⅳ	Ⅲ	Ⅲ	Ⅱ	Ⅲ	Ⅲ
2021 年	Ⅲ	Ⅲ	Ⅲ	Ⅲ	Ⅱ	Ⅲ	Ⅱ	Ⅱ	Ⅱ	Ⅲ	Ⅲ	Ⅳ
2022 年	Ⅳ	Ⅲ	Ⅲ	Ⅳ	Ⅴ	Ⅲ	Ⅲ	Ⅱ	Ⅱ	Ⅱ	Ⅱ	Ⅲ

污水处理厂基本信息

类型	名称	设计处理能力 /(t/d)	经纬度
城市污水处理厂	东陵白塔污水处理厂	20 000	E 123.3811° N 41.7035°
	南部污水处理厂	800 000	E 123.3192° N 41.7109°
	沈水湾污水处理厂	200 000	E 123.3659° N 41.7519°

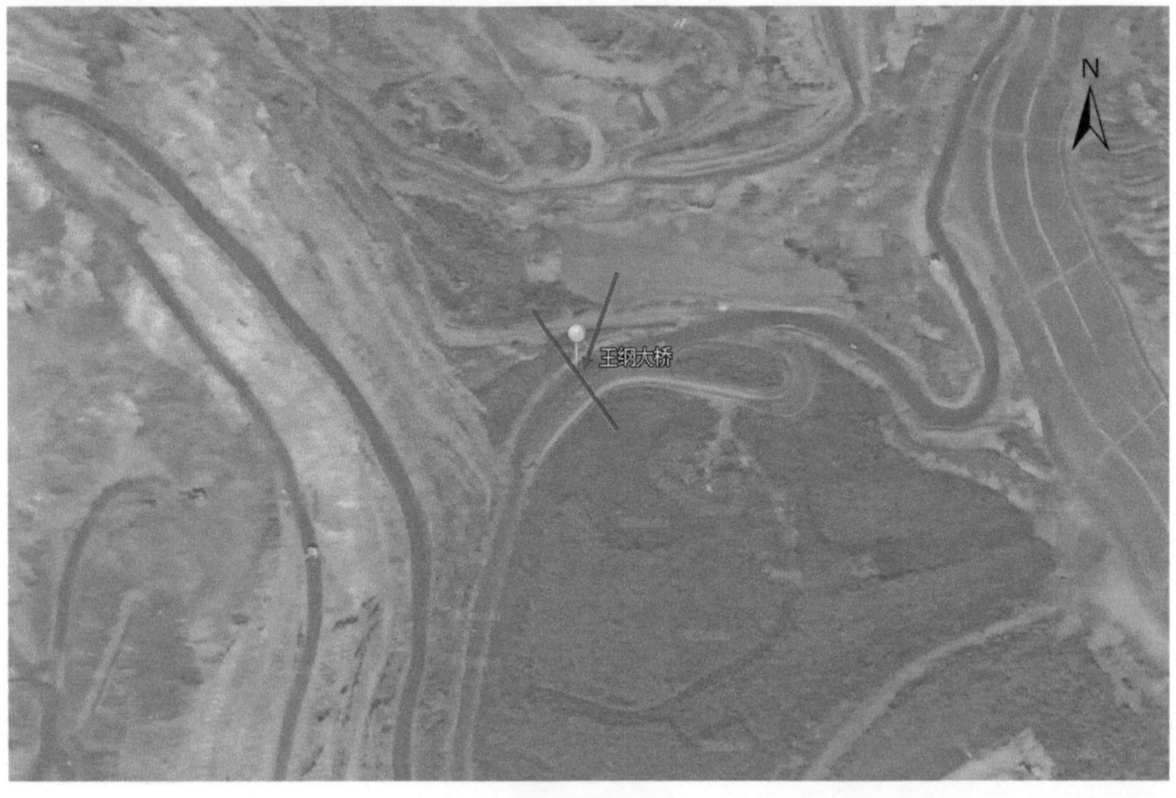

断面情况示意图

2020 年断面上游

2020 年断面下游

2022 年断面上游

2022 年断面下游

2.1.8 于家房

所在水体 浑河
汇入水体 大辽河
断面属性 市界（沈阳市 - 鞍山市）
断面类型 河流
断面时段 “十一五”，“十二五”，“十三五”，“十四五”
断面位置 辽宁省沈阳市辽中区沈西大道（上顶子村）
经 纬 度 E 122.6462°，N 41.2101°
水质状况 近 3 年水质总体持平

断面桩

时间	1月	2月	3月	4月	5月	6月	7月	8月	9月	10月	11月	12月
2020 年	劣V	劣V	V	V	Ⅳ	V	Ⅳ	Ⅲ	Ⅲ	Ⅲ	Ⅳ	Ⅲ
2021 年	V	Ⅳ	Ⅳ	V	Ⅳ	Ⅳ	Ⅳ	Ⅳ	V	Ⅳ	Ⅳ	V
2022 年	Ⅳ	Ⅲ	V	劣V	劣V	劣V	Ⅲ	Ⅲ	Ⅳ	Ⅲ	Ⅳ	Ⅳ

污水处理厂基本信息

类型	名称	设计处理能力 /(t/d)	经纬度
城市污水处理厂	沈阳市西部污水处理中心	150 000	E 123.1988° N 41.6811°
	西部污水处理厂二期	250 000	E 123.1608° N 41.7169°
乡镇污水处理厂	章驿站（新民屯）污水处理厂	5 000	E 122.6460° N 41.2098°

断面情况示意图

2020 年断面上游

2020 年断面下游

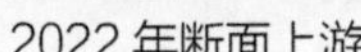

2022 年断面上游

2022 年断面下游

自动监测站

设备间

2.2 红河

2.2.1 英额河入河口

所在水体 红河

汇入水体 浑河

断面属性 入河口

断面类型 河流

断面时段 “十四五”

断面位置 辽宁省抚顺市清原满族自治县气象局西侧马前寨桥

经 纬 度 E 124.8627°，N 42.0751°

水质状况 近 3 年水质总体持平

断面桩

时间	1 月	2 月	3 月	4 月	5 月	6 月	7 月	8 月	9 月	10 月	11 月	12 月
2020 年		Ⅳ	Ⅳ	Ⅱ	Ⅱ	Ⅱ	Ⅳ	Ⅱ	Ⅳ	Ⅲ	Ⅲ	Ⅱ
2021 年			Ⅱ	Ⅱ	Ⅱ	Ⅱ	Ⅲ	Ⅲ	Ⅱ	Ⅱ	Ⅲ	Ⅱ
2022 年				Ⅱ	Ⅱ	Ⅱ	Ⅱ	Ⅱ	Ⅱ	Ⅲ		

断面情况示意图

2020 年断面上游

2020 年断面下游

2022 年断面上游

2022 年断面下游

2.3 蒲河

2.3.1 兴国桥

所在水体 蒲河
汇入水体 浑河
断面属性 控制断面
断面类型 河流
断面时段 “十三五”，“十四五”
断面位置 辽宁省沈阳市浑南区天时街富力星月湾北 334 m 处
经 纬 度 E 123.6167°，N 41.9197°
水质状况 近 3 年水质总体持平

断面桩

时间	1月	2月	3月	4月	5月	6月	7月	8月	9月	10月	11月	12月
2020年	II	III	III	III	II	II	I	II	II	II	II	I
2021年	I	II	II	II	II	II	II	II	II	II	II	I
2022年	I	I	II	III	II	II	III	II	II	II	II	I

断面情况示意图

2020 年断面上游

2020 年断面下游

2022 年断面上游

2022 年断面下游

自动监测站

设备间

2.3.2 团结水库

所在水体 蒲河
汇入水体 浑河
断面属性 控制断面
断面类型 河流
断面时段 “十四五”
断面位置 辽宁省沈阳市新民市团结水库管理处
经 纬 度 E 122.8531°，N 41.6902°
水质状况 近 3 年水质有所下降

断面情况示意图

时间	1 月	2 月	3 月	4 月	5 月	6 月	7 月	8 月	9 月	10 月	11 月	12 月
2020 年	V	IV	劣 V	劣 V	V	V	V	IV	IV	IV	IV	IV
2021 年	IV	IV	劣 V	劣 V	V	IV	V	IV	劣 V	IV	III	IV
2022 年	IV	V	劣 V		劣 V	III	IV	IV	IV	IV	V	IV

断面桩

污水处理厂基本信息

类型	名称	设计处理能力 /(t/d)	经纬度
城市污水处理厂	欧盟污水处理厂	2 000	E 123.5278° N 41.9433°
	朱尔屯污水处理厂	5 000	E 123.4858° N 41.9093°
	道义污水处理厂	50 000	E 123.3699° N 41.9088°
	虎石台北污水处理厂	25 000	E 123.5077° N 41.9550°
	虎石台南污水处理厂	25 000	E 123.4879° N 41.9199°
	蒲河北污水处理厂	70 000	E 123.5754° N 41.9576°
	孙家洼污水处理厂	10 000	E 123.5943° N 41.9648°
	北部污水处理厂	400 000	E 123.3300° N 41.8394°
乡镇污水处理厂	兴隆堡污水处理厂	20 000	E 123.0477° N 41.9026°
	胡台污水处理厂	25 000	E 123.1298° N 41.8005°
	沙岭污水处理厂	20 000	E 123.1773° N 41.8026°
	造化污水处理厂	30 000	E 123.3069° N 41.9021°
	永安新城污水处理厂	20 000	E 123.1790° N 41.8869°

2020 年断面上游

2020 年断面下游

2022 年断面上游

2022 年断面下游

2.3.3 蒲河沿

所在水体 蒲河
汇入水体 浑河
断面属性 控制断面
断面类型 河流
断面时段 “十二五”，“十三五”，“十四五”
断面位置 辽宁省沈阳市辽中区玉洁商店右 500 m 处
经 纬 度 E 122.7563°，N 41.4293°
水质状况 近 3 年水质总体持平

断面桩

时间	1 月	2 月	3 月	4 月	5 月	6 月	7 月	8 月	9 月	10 月	11 月	12 月
2020 年	Ⅳ	Ⅳ	Ⅴ	Ⅴ	Ⅳ	Ⅴ	Ⅴ	Ⅴ	Ⅳ	Ⅴ	Ⅴ	Ⅳ
2021 年	劣Ⅴ	Ⅴ	Ⅴ	Ⅴ	劣Ⅴ	Ⅴ	Ⅳ	Ⅳ	Ⅳ	Ⅳ	Ⅴ	
2022 年	Ⅴ	Ⅳ	Ⅳ	Ⅴ	Ⅴ	Ⅴ	Ⅳ	Ⅲ	Ⅴ	Ⅴ	Ⅴ	Ⅳ

污水处理厂基本信息

类型	名称	设计处理能力 /(t/d)	经纬度
城市污水处理厂	沈阳近海康达环保水务有限公司	60 000	E 122.8155° N 41.5148°
	沈阳市辽中区污水生态处理厂	50 000	E 122.7307° N 41.4915°

断面情况示意图

2020 年断面上游

2020 年断面下游

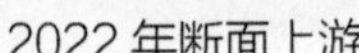

2022 年断面上游

2022 年断面下游

自动监测站

设备间

2.4 社河

2.4.1 台沟

所在水体 社河
汇入水体 大伙房水库
断面属性 控制断面
断面类型 河流
断面时段 “十三五”，“十四五”
断面位置 辽宁省抚顺市抚顺县抚金线台沟大桥
经 纬 度 E 124.1351°，N 41.7896°
水质状况 近 3 年水质总体持平

断面桩

时间	1月	2月	3月	4月	5月	6月	7月	8月	9月	10月	11月	12月
2020年	I	II	II	I	I	II	II	III	III	III	III	III
2021年	III	I	I	I	II	II	II	II	II	II	III	I
2022年	III	I	I	I	I	II	III	II	II	II	I	I

污水处理厂基本信息

类型	名称	设计处理能力 /(t/d)	经纬度
乡镇污水处理厂	后安镇污水处理厂	5 000	E 124.2080° N 41.7163°

断面情况示意图

2020 年断面上游　　2020 年断面下游

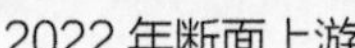

2022 年断面上游　　2022 年断面下游

自动监测站

设备间

2.5 苏子河

2.5.1 古楼

所在水体 苏子河
汇入水体 大伙房水库
断面属性 控制断面
断面类型 河流
断面时段 “十三五”，“十四五”
断面位置 辽宁省抚顺市新宾满族自治县古楼大桥
经 纬 度 E 124.3604°，N 41.8712°
水质状况 近 3 年水质总体持平

断面桩

时间	1 月	2 月	3 月	4 月	5 月	6 月	7 月	8 月	9 月	10 月	11 月	12 月
2020 年	I	II	II	II	II	II	II	II	III	I	I	I
2021 年	III	II	II	II	II	II	II	II	II	III	I	I
2022 年	I	III	I	III	II	II	III	II	II	II	II	II

污水处理厂基本信息

类型	名称	设计处理能力 /(t/d)	经纬度
乡镇污水处理厂	永陵镇污水处理厂	15 000	E 124.7888° N 41.7000°
	新宾镇污水处理厂	4 000	E 124.7888° N 41.7194°

断面情况示意图

2020 年断面上游

2020 年断面下游

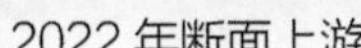

2022 年断面上游

2022 年断面下游

自动监测站

设备间

2.6 细河

2.6.1 于台

所在水体 细河
汇入水体 浑河
断面属性 控制断面
断面类型 河流
断面时段 “十二五”，“十三五”，“十四五”
断面位置 辽宁省沈阳市于洪区南阳湖街于洪区中医院西 153 m 处
经 纬 度 E 123.3192°，N 41.7529°
水质状况 近 3 年水质有所好转

断面桩

时间	1月	2月	3月	4月	5月	6月	7月	8月	9月	10月	11月	12月
2020年	劣V	劣V	劣V	IV	IV	IV	IV	V	III	III	IV	IV
2021年	V	IV	IV	IV	IV	IV	III	III	III	IV	IV	IV
2022年	V	IV	IV	IV	III	III	III	III	III	III	III	III

污水处理厂基本信息

类型	名称	设计处理能力 /(t/d)	经纬度
城市污水处理厂	仙女河污水处理厂	400 000	E 123.3421° N 41.7627°

断面情况示意图

2020 年断面上游

2020 年断面下游

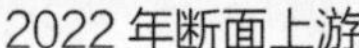

2022 年断面上游

2022 年断面下游

自动监测站

设备间

2.6.2 摩天岭

所在水体 细河
汇入水体 太子河
断面属性 控制断面
断面类型 河流
断面时段 “十四五”
断面位置 辽宁省本溪市南芬区摩天岭村 S316 入村小桥处
经 纬 度 E 123.7235°，N 40.9565°
水质状况 近 3 年水质有所好转

断面桩

时间	1月	2月	3月	4月	5月	6月	7月	8月	9月	10月	11月	12月
2020年	II	II	III	I	I	II	II	II	II	I	I	I
2021年	III	II	I	I	I	IV	II	II	I	II	I	I
2022年	II	I	I	III	I	I	III	I	I	III	I	I

断面情况示意图

2020 年断面上游

2020 年断面下游

2022 年断面上游

2.6.3 邱家

所在水体 细河
汇入水体 太子河
断面属性 市界（本溪市 - 辽阳市）
断面类型 河流
断面时段 “十四五”
断面位置 辽宁省辽阳市辽阳县邱家村
经 纬 度 E 123.5878°，N 41.2317°
水质状况 近 3 年水质明显好转

断面桩

时间	1月	2月	3月	4月	5月	6月	7月	8月	9月	10月	11月	12月
2020年		劣V	劣V	劣V	V	III	IV	V	II	IV	IV	IV
2021年	V	V	IV	II	IV	II	II	II	II	II	III	II
2022年	IV		IV	II	II	III	III	II	III	II	III	II

污水处理厂基本信息

类型	名称	设计处理能力 /(t/d)	经纬度
城市污水处理厂	辽宁辽东水务控股有限责任公司	20 000	E 123.7141° N 41.4658°

断面情况示意图

2020 年断面上游

2020 年断面下游

2022 年断面上游

2022 年断面下游

自动监测站

设备间

2.7 大辽河

2.7.1 辽河公园

所在水体　大辽河
汇入水体　渤海
断面属性　入海口
断面类型　河流
断面时段　“十一五”，“十二五”，“十三五”，“十四五”
断面位置　辽宁省营口市站前区市府路 1 号牛庄海关旧址
经 纬 度　E 122.2336°，N 40.6807°
水质状况　近 3 年水质有所好转

断面桩

时间	1 月	2 月	3 月	4 月	5 月	6 月	7 月	8 月	9 月	10 月	11 月	12 月
2020 年	Ⅳ	Ⅴ	Ⅴ	Ⅳ	Ⅲ	Ⅳ	Ⅳ	Ⅳ	Ⅳ	Ⅳ	Ⅳ	Ⅴ
2021 年	Ⅴ	劣Ⅴ	Ⅴ	Ⅳ	Ⅳ	Ⅳ	Ⅳ	Ⅳ	Ⅳ	Ⅲ	Ⅲ	Ⅲ
2022 年	Ⅲ	Ⅲ	Ⅳ	Ⅳ	Ⅳ	Ⅳ	Ⅳ	Ⅳ	Ⅳ	Ⅳ	Ⅲ	Ⅲ

污水处理厂基本信息

类型	名称	设计处理能力 /(t/d)	经纬度
城市污水处理厂	北控（大石桥）水务发展有限公司	30 000	E 122.4497° N 40.6708°
乡镇污水处理厂	辽宁洪城环保有限公司北五分公司	10 000	E 122.2719° N 40.6981°

断面情况示意图

2020 年断面上游

2020 年断面下游

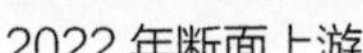

2022 年断面上游

2022 年断面下游

自动监测站

设备间

第三章 · 太子河

LIAONINGSHENG DIBIAOSHUI HUANJING ZHILIANG
JIANCE WANGLUO JIANSHE TUJI

太子河上游分南北两支，以北支为长，发源于辽宁省新宾满族自治县红石砬子，南支发源于本溪满族自治县草帽顶子山，两支流在马家崴子汇合后为太子河干流，河长 413 km，流域面积为 13 883 km^2，多年平均年径流量为 39.00 亿 m^3。

流经本溪、辽阳、鞍山三市所辖的新宾满族自治县、桓仁满族自治县、本溪满族自治县、灯塔市、辽阳区、辽中区、海城市，至三岔河处与浑河汇合后称大辽河。所流经城市均为辽宁省工业较为发达城市，以钢铁和化工等行业为主，景观格局总体趋于复杂、异质性增加、破碎化加剧，人为干扰影响较明显。太子河属受控河流，上游建有观音阁水库，是本溪等城市的饮用水水源地，中游建有葠窝水库，为工业用水和灌溉用水水源，在本溪和辽阳段有近 10 个橡胶坝调节水量。

太子河流域面积大于 100 km^2 的支流有 38 条，左岸主要有南太子河、小汤河、细河、兰河、汤河、柳壕河、南沙河、运粮河、杨柳河、五道河、海城河等，右岸有小夹河、北沙河等，其中北沙河、汤河、细河、海城河的流域面积大于 1 000 km^2。

3.1 太子河干流

3.1.1 老官砬子

所在水体 太子河
汇入水体 大辽河
断面属性 控制断面
断面类型 河流
断面时段 “十一五”，“十二五”，“十三五”，“十四五”
断面位置 辽宁省本溪市本溪满族自治县三家子村东南 652 m 处
经 纬 度 E 123.9025°，N 41.3814°
水质状况 近 3 年水质总体持平

断面桩

时间	1月	2月	3月	4月	5月	6月	7月	8月	9月	10月	11月	12月
2020年	III	II	II	II	II	II	II	IV	III	III	II	II
2021年	I	I	II	II	II	II	II	II	II	II	II	II
2022年	II	II	II	II	II	II	II	II	II	II	II	II

断面情况示意图

2020 年断面上游

2020 年断面下游

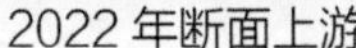

2022 年断面上游

2022 年断面下游

自动监测站

设备间

3.1.2 兴安

所在水体 太子河
汇入水体 大辽河
断面属性 市界（本溪市 - 辽阳市）
断面类型 河流
断面时段 “十一五”，“十二五”，“十三五”，“十四五”
断面位置 辽宁省本溪市溪湖区前甸子南 589 m 处
经 纬 度 E 123.6905°，N 41.2700°
水质状况 近 3 年水质明显好转

断面桩

时间	1月	2月	3月	4月	5月	6月	7月	8月	9月	10月	11月	12月
2020 年	IV	V	IV	III	II	III	III	II	III	III	II	III
2021 年	IV	IV	IV	II	II	II	II	II	II	III	II	II
2022 年	II	II	II	II	II	II	II	II	II	II	II	II

污水处理厂基本信息

类型	名称	设计处理能力 /(t/d)	经纬度
城市污水处理厂	本溪市科态污水处理有限责任公司	300 000	E 123.6788° N 41.2700°

断面情况示意图

2020 年断面上游

2020 年断面下游

2022 年断面上游

2022 年断面下游

3.1.3 葠窝坝下

所在水体 太子河
汇入水体 大辽河
断面属性 市界（本溪市 - 辽阳市）
断面类型 河流
断面时段 “十二五”，“十三五”，“十四五”
断面位置 辽宁省辽阳市弓长岭区葠窝大桥
经 纬 度 E 123.4966°，N 41.2326°
水质状况 近 3 年水质总体持平

断面桩

时间	1月	2月	3月	4月	5月	6月	7月	8月	9月	10月	11月	12月
2020年	III	IV	IV	III	II	IV	II	III	II	II	II	II
2021年	II	III	III	II	II	III	II	II	II	II	II	II
2022年	II	II	II	I	I	II	III	II	III	III	II	II

污水处理厂基本信息

类型	名称	设计处理能力 /(t/d)	经纬度
城市污水处理厂	本溪市科态污水处理有限责任公司	300 000	E 123.6788° N 41.2700°

断面情况示意图

2020 年断面上游

2020 年断面下游

2022 年断面上游

2022 年断面下游

自动监测站

设备间

3.1.4 下王家

所在水体 太子河
汇入水体 大辽河
断面属性 控制断面
断面类型 河流
断面时段 “十三五”，“十四五”
断面位置 辽宁省辽阳市灯塔市乌达哈堡西 157 m 处
经 纬 度 E 123.1412°，N 41.3433°
水质状况 近 3 年水质总体持平

断面桩

时间	1 月	2 月	3 月	4 月	5 月	6 月	7 月	8 月	9 月	10 月	11 月	12 月
2020 年	Ⅳ	Ⅱ	Ⅲ	Ⅲ	Ⅲ	Ⅱ	Ⅱ	Ⅱ	Ⅱ	Ⅱ	Ⅱ	Ⅳ
2021 年	Ⅱ	Ⅲ	Ⅲ	Ⅱ	Ⅱ	Ⅱ	Ⅲ	Ⅱ	Ⅱ	Ⅱ	Ⅱ	Ⅱ
2022 年	Ⅲ	Ⅱ	Ⅱ	Ⅱ	Ⅱ	Ⅱ	Ⅱ	Ⅱ	Ⅱ	Ⅱ	Ⅱ	Ⅱ

污水处理厂基本信息

类型	名称	设计处理能力 /(t/d)	经纬度
城市污水处理厂	中信环境水务（辽阳太子河）有限公司文圣区分公司	30 000	E 123.2313° N 41.3112°
	联合环境水务（辽阳宏伟）有限公司	15 000	E 123.2566° N 41.2212°

断面情况示意图

2020 年断面上游

2020 年断面下游

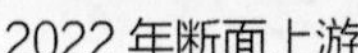

2022 年断面上游

2022 年断面下游

自动监测站

设备间

3.1.5 下口子

所在水体 太子河
汇入水体 大辽河
断面属性 市界（辽阳市 - 鞍山市）
断面类型 河流
断面时段 “十二五”，“十三五”，“十四五”
断面位置 辽宁省辽阳市辽阳县大背村
经 纬 度 E 122.7310°，N 41.2106°
水质状况 近 3 年水质有所好转

断面桩

时间	1 月	2 月	3 月	4 月	5 月	6 月	7 月	8 月	9 月	10 月	11 月	12 月
2020 年	Ⅳ	Ⅴ	Ⅴ	Ⅳ	Ⅳ	Ⅲ	Ⅳ	Ⅳ	Ⅱ	Ⅱ	Ⅱ	Ⅲ
2021 年	Ⅳ	Ⅳ	Ⅲ	Ⅲ	Ⅲ	Ⅲ	Ⅲ	Ⅱ	Ⅱ	Ⅱ	Ⅲ	Ⅱ
2022 年	Ⅲ	Ⅲ	Ⅲ	Ⅲ	Ⅲ	Ⅲ	Ⅲ	Ⅲ	Ⅲ	Ⅲ	Ⅲ	Ⅲ

断面情况示意图

2020 年断面上游

2020 年断面下游

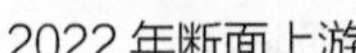

2022 年断面上游

2022 年断面下游

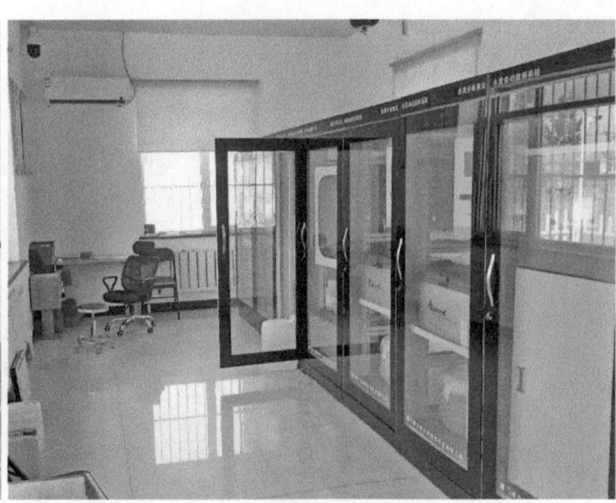

自动监测站

设备间

3.1.6 刘家台

所在水体 太子河
汇入水体 大辽河
断面属性 控制断面
断面类型 河流
断面时段 “十三五”，“十四五”
断面位置 辽宁省鞍山市海城市东高村南 800 m 处
经 纬 度 E 122.6103°，N 41.0415°
水质状况 近 3 年水质有所好转

断面情况示意图

时间	1 月	2 月	3 月	4 月	5 月	6 月	7 月	8 月	9 月	10 月	11 月	12 月
2020 年	劣Ⅴ	劣Ⅴ	劣Ⅴ	Ⅲ	Ⅲ	Ⅲ	Ⅲ	Ⅲ	Ⅳ	Ⅲ	Ⅲ	Ⅳ
2021 年	Ⅳ	Ⅳ	Ⅲ	Ⅲ	Ⅱ	Ⅴ	Ⅲ	Ⅲ	Ⅱ	Ⅱ	Ⅲ	Ⅱ
2022 年	Ⅲ	Ⅱ	Ⅱ	Ⅲ	Ⅲ	Ⅲ	Ⅲ	Ⅲ	Ⅲ	Ⅲ	Ⅲ	Ⅲ

断面桩

污水处理厂基本信息

类型	名称	设计处理能力 /(t/d)	经纬度
城市污水处理厂	鞍山天清水务有限公司	30 000	E 123.0639° N 41.0758°
	鞍山市达道湾污水处理有限责任公司（判甲炉分厂）	50 000	E 123.0961° N 41.1393°
	鞍山市达道湾污水处理限责任公司（达道湾分厂）	100 000	E 122.9180° N 41.1564°
	鞍山清朗水务有限公司	100 000	E 122.9777° N 41.1904°
	鞍山市城市水务运营有限公司	100 000	E 122.9207° N 41.1596°
	鞍山清畅水务有限公司	80 000	E 122.9316° N 41.0717°
	北控（鞍山）水务有限公司	100 000	E 122.9444° N 41.0981°
	海城渤海环境工程有限公司	80 000	E 122.6918° N 40.8955°
	海城市绿源净水有限公司（腾鳌分厂）	35 000	E 122.7920° N 41.0639°
乡镇污水处理厂	南台监狱污水处理站	300	E 122.8340° N 40.9002°
	南台看守所污水处理站	6 000	E 122.8320° N 40.9067°
	南台高中污水处理站	2 000	E 122.8156° N 40.9213°
	海城南台污水处理站	5 000	E 122.7405° N 40.9396°
	海城王石污水处理站	700	E 122.7863° N 40.8710°
	海城耿庄污水处理站	1 500	E 122.7047° N 40.9978°

2020 年断面上游

2020 年断面下游

2022 年断面上游

2022 年断面下游

自动监测站

设备间

3.1.7 小姐庙

所在水体 太子河
汇入水体 大辽河
断面属性 市界（鞍山市 - 盘锦市）
断面类型 河流
断面时段 “十一五”，“十二五”，“十三五”，“十四五”
断面位置 辽宁省鞍山市海城市前胡村西南 2 km
经 纬 度 E 122.4996°，N 41.0076°
水质状况 近 3 年水质总体持平

断面桩

时间	1 月	2 月	3 月	4 月	5 月	6 月	7 月	8 月	9 月	10 月	11 月	12 月
2020 年	V	V	V	V	III	III	III	IV	IV	II	II	IV
2021 年	IV	IV	III	III	II	II	II	III	II	III	III	II
2022 年	IV	IV	III		III	II	III	III	III	III	III	III

污水处理厂基本信息

类型	名称	设计处理能力 /(t/d)	经纬度
乡镇污水处理厂	牛庄镇污水处理厂	3 000	E 122.5188° N 40.9563°

断面情况示意图

2020 年断面上游

2020 年断面下游

2022 年断面上游

2022 年断面下游

自动监测站

设备间

3.2 北沙河

3.2.1 河洪桥

所在水体 北沙河
汇入水体 太子河
断面属性 控制断面
断面类型 河流
断面时段 “十三五”，“十四五”
断面位置 辽宁省辽阳市灯塔市辽官线辽宁鸿升服装制造有限公司西南门 377 m 处
经 纬 度 E 123.1303°，N 41.3754°
水质状况 近 3 年水质有所好转

断面桩

时间	1 月	2 月	3 月	4 月	5 月	6 月	7 月	8 月	9 月	10 月	11 月	12 月
2020 年	劣Ⅴ	劣Ⅴ	劣Ⅴ	Ⅴ	Ⅳ	Ⅳ	Ⅲ	Ⅳ	Ⅳ	Ⅲ	Ⅲ	Ⅲ
2021 年	Ⅳ	Ⅴ	Ⅴ	Ⅳ	Ⅴ	Ⅴ	Ⅳ	Ⅴ	Ⅴ	Ⅳ	劣Ⅴ	Ⅴ
2022 年	Ⅴ	Ⅴ	Ⅴ	Ⅴ	Ⅳ	Ⅳ	Ⅳ	Ⅳ	Ⅲ	Ⅲ	Ⅳ	Ⅴ

污水处理厂基本信息

类型	名称	设计处理能力 /(t/d)	经纬度
城市污水处理厂	灯塔红阳水务有限公司	60 000	E 123.2902° N 41.4139°
乡镇污水处理厂	铧子镇污水处理厂	5 000	E 123.4239° N 41.3800°

断面情况示意图

2020 年断面上游

2020 年断面下游

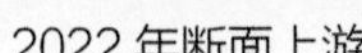

2022 年断面上游

2022 年断面下游

自动监测站

设备间

3.2.2 姚千户桥

所在水体 北沙河
汇入水体 太子河
断面属性 市界（本溪市 - 沈阳市）
断面类型 河流
断面时段 “十四五”
断面位置 辽宁省沈阳市苏家屯区姚千户屯村 S107 与北沙河交会处大桥下
经 纬 度 E 123.6187°，N 41.5402°
水质状况 近 3 年水质总体持平

断面桩

时间	1 月	2 月	3 月	4 月	5 月	6 月	7 月	8 月	9 月	10 月	11 月	12 月
2020 年	Ⅳ	Ⅲ	Ⅲ	Ⅳ	Ⅳ	Ⅲ	Ⅴ	Ⅲ	Ⅲ	Ⅱ	Ⅲ	Ⅲ
2021 年		Ⅲ	Ⅳ	Ⅲ	Ⅳ	Ⅴ	Ⅳ	劣Ⅴ	Ⅲ	Ⅲ	Ⅲ	Ⅱ
2022 年		Ⅲ	Ⅲ	Ⅱ	Ⅳ	Ⅲ	Ⅲ	Ⅲ	Ⅳ	Ⅱ	Ⅱ	Ⅱ

污水处理厂基本信息

类型	名称	设计处理能力 /(t/d)	经纬度
城市污水处理厂	辽宁辽东水务控股有限责任公司	20 000	E 123.7141° N 41.4658°

断面情况示意图

2020 年断面上游

2020 年断面下游

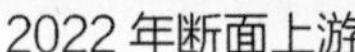

2022 年断面上游

2022 年断面下游

自动监测站

设备间

3.2.3 东羊角

断面桩

所在水体 北沙河
汇入水体 太子河
断面属性 市界（沈阳市 - 辽阳市）
断面类型 河流
断面时段 “十四五”
断面位置 辽宁省辽阳市灯塔市东羊角湾村北沙河与沈半线交叉处桥下
经 纬 度 E 123.2832°，N 41.5097°
水质状况 近 3 年水质有所好转

时间	1月	2月	3月	4月	5月	6月	7月	8月	9月	10月	11月	12月
2020年		劣V	劣V	IV	V	IV	IV	IV	IV	III	IV	III
2021年	III	II	IV	III	IV	IV	V	V	III	V	V	III
2022年	II		V	IV	IV	V	IV	II	III	III	III	II

污水处理厂基本信息

类型	名称	设计处理能力 /(t/d)	经纬度
城市污水处理厂	桃仙污水厂	80 000	E 123.4053° N 41.6367°
	苏家屯污水厂	50 000	E 123.3118° N 41.6308°
	苏家屯污水厂二期	50 000	E 123.3139° N 41.6307°
	上夹河污水处理厂	40 000	E 123.4172° N 41.7303°

断面情况示意图

2020 年断面上游

2020 年断面下游

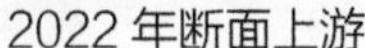
2022 年断面上游

2022 年断面下游

自动监测站

设备间

3.3 海城河

3.3.1 关帝庙大桥

所在水体 海城河
汇入水体 太子河
断面属性 控制断面
断面类型 河流
断面时段 “十四五”
断面位置 辽宁省鞍山市海城市关帝庙大桥
经 纬 度 E 122.7386°，N 40.8438°
水质状况 近 3 年水质总体持平

断面桩

时间	1月	2月	3月	4月	5月	6月	7月	8月	9月	10月	11月	12月
2020年	II	II	IV	III	劣V	IV	III	II	III	II	III	II
2021年	II	II	II	II	III	III	III	III	II	IV	II	II
2022年	II		II		III	II	III	II	IV	I	II	III

断面情况示意图

2020 年断面上游

2020 年断面下游

2022 年断面上游

2022 年断面下游

3.3.2 牛庄

所在水体 海城河
汇入水体 太子河
断面属性 控制断面
断面类型 河流
断面时段 “十三五”，“十四五”
断面位置 辽宁省鞍山市海城市牛庄镇东北 1 km 处
经 纬 度 E 122.5433°，N 40.9561°
水质状况 近 3 年水质总体持平

断面桩

时间	1月	2月	3月	4月	5月	6月	7月	8月	9月	10月	11月	12月
2020 年	V	III	II	V	IV	IV	III	IV	III	II	IV	II
2021 年	劣V	II	II	II	III	III	IV	III	III	III	II	II
2022 年	II	III	III		III	IV	IV	III	III	III	III	II

污水处理厂基本信息

类型	名称	设计处理能力 /(t/d)	经纬度
乡镇污水处理厂	西柳污水处理厂	30 000	E 122.6188° N 40.8651°
	海城八里污水处理厂	800	E 122.7515° N 40.7785°

断面情况示意图

2020 年断面上游

2020 年断面下游

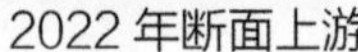

2022 年断面上游

2022 年断面下游

自动监测站

设备间

3.4 柳壕河

3.4.1 孟柳

所在水体 柳壕河
汇入水体 太子河
断面属性 入河口
断面类型 河流
断面时段 “十四五”
断面位置 辽宁省辽阳市辽阳县柳壕镇孟柳桥
经 纬 度 E 122.8218°，N 41.2713°
水质状况 近 3 年水质总体持平

断面桩

时间	1 月	2 月	3 月	4 月	5 月	6 月	7 月	8 月	9 月	10 月	11 月	12 月
2020 年	劣 V	V	V	劣 V	V	IV	劣 V	IV	III	IV	劣 V	劣 V
2021 年	III	IV	IV	IV	V	III	III	IV	III	V	劣 V	V
2022 年	IV	III	III	V	V	IV	III	IV	III	V	III	III

污水处理厂基本信息

类型	名称	设计处理能力 /(t/d)	经纬度
城市污水处理厂	中信环境水务（辽阳）有限公司	200 000	E 123.1180° N 41.2900°
	中信环境水务（辽阳太子河）有限公司辽阳县分公司	35 000	E 123.0737° N 41.2336°

断面情况示意图

2020 年断面上游

2020 年断面下游

2022 年断面上游

2022 年断面下游

3.5 太子河北支

3.5.1 北太子河入观音阁水库口

所在水体 太子河北支
汇入水体 太子河
断面属性 控制断面
断面类型 河流
断面时段 “十三五”，“十四五”
断面位置 辽宁省抚顺市新宾满族自治县苇岗线本溪矿柱林总场北侧太子城桥
经 纬 度 E 124.4331°，N 41.3744°
水质状况 近 3 年水质总体持平

断面桩

时间	1 月	2 月	3 月	4 月	5 月	6 月	7 月	8 月	9 月	10 月	11 月	12 月
2020 年	I	II	II	II	II	II	III	II	IV	II	I	I
2021 年	I	I	I	I	II	II	II	II	II	II	II	I
2022 年	III	I	II	II	II	II	II	II	I	II	I	I

断面情况示意图

2020 年断面上游

2020 年断面下游

2022 年断面上游

2022 年断面下游

自动监测站

设备间

3.6 太子河南支

3.6.1 南太子河入库口

所在水体 太子河南支
汇入水体 太子河
断面属性 控制断面
断面类型 河流
断面时段 “十三五”，“十四五”
断面位置 辽宁省本溪市本溪满族自治县圩厂派出所东 567 m 处
经 纬 度 E 124.4595°，N 41.2505°
水质状况 近 3 年水质有所好转

断面桩

时间	1 月	2 月	3 月	4 月	5 月	6 月	7 月	8 月	9 月	10 月	11 月	12 月
2020 年	I	IV	II	I	I	II	I	II	II	I	I	I
2021 年	I	I	I	I	I	I	I	I	I	II	I	I
2022 年	I	I	I	I	I	I	II	I	I	I	I	I

断面情况示意图

2020 年断面上游

2020 年断面下游

2022 年断面上游

2022 年断面下游

自动监测站

设备间

3.7 汤河

3.7.1 汤河桥

所在水体 汤河

汇入水体 太子河

断面属性 控制断面

断面类型 河流

断面时段 “十三五”，“十四五”

断面位置 辽宁省辽阳市弓长岭区辽阳飞天工艺品有限公司西北 270 m 处

经 纬 度 E 123.4132°，N 41.1922°

水质状况 近 3 年水质总体持平

断面桩

时间	1 月	2 月	3 月	4 月	5 月	6 月	7 月	8 月	9 月	10 月	11 月	12 月
2020 年	II	II	II	II	IV	III	III	IV	III	II	II	II
2021 年	IV	III	II	II	II	II	IV	III	II	III	II	II
2022 年	II	III	III	II	III	III	III	II	IV	III	II	II

污水处理厂基本信息

类型	名称	设计处理能力 /(t/d)	经纬度
城市污水处理厂	凯发新泉水务（辽阳）有限公司	60 000	E 123.4176° N 41.1796°

断面情况示意图

2020 年断面上游

2020 年断面下游

2022 年断面上游

2022 年断面下游

自动监测站

设备间

3.8 杨柳河

3.8.1 太平沟

所在水体 杨柳河

汇入水体 太子河

断面属性 控制断面

断面类型 河流

断面时段 “十四五”

断面位置 辽宁省鞍山市千山区唐家房镇太平沟村，进村左转直行，左侧桥梁处

经 纬 度 E 122.9471°，N 40.9514°

水质状况 近 3 年水质有所好转

断面桩

时间	1 月	2 月	3 月	4 月	5 月	6 月	7 月	8 月	9 月	10 月	11 月	12 月
2020 年		III	III	III	III	IV	II	II	II	V	I	III
2021 年		I	II	II	IV	II	III	III	III	III	II	II
2022 年	I	I	II		III	III	IV	III	III	III	II	III

断面情况示意图

2020 年断面上游

2020 年断面下游

2022 年断面上游

2022 年断面下游

3.8.2 新台子

所在水体 杨柳河
汇入水体 太子河
断面属性 市界（鞍山市 - 辽阳市）
断面类型 河流
断面时段 “十四五”
断面位置 辽宁省鞍山市海城市新台子镇附近
经 纬 度 E 122.6873°，N 41.1185°
水质状况 近 3 年水质有所好转

断面桩

时间	1月	2月	3月	4月	5月	6月	7月	8月	9月	10月	11月	12月
2020 年		劣Ⅴ	劣Ⅴ	Ⅴ	Ⅳ	Ⅴ	劣Ⅴ	Ⅳ	Ⅲ	Ⅳ	Ⅳ	Ⅴ
2021 年	Ⅴ	Ⅴ	Ⅳ	Ⅳ	Ⅳ	Ⅳ	Ⅳ	Ⅲ	Ⅳ	Ⅲ	Ⅲ	Ⅲ
2022 年	Ⅳ	Ⅳ	Ⅲ		Ⅳ	Ⅲ	Ⅳ	Ⅳ	Ⅳ	Ⅳ	Ⅲ	Ⅳ

污水处理厂基本信息

类型	名称	设计处理能力 /(t/d)	经纬度
城市污水处理厂	鞍山清畅水务有限公司	80 000	E 122.9316° N 41.0717°
乡镇污水处理厂	汤岗子污水处理厂	15 000	E 122.9186° N 41.0486°

断面情况示意图

2020 年断面上游

2020 年断面下游

2022 年断面上游

2022 年断面下游

3.9 下达河

3.9.1 下达河入汤河水库口

所在水体 下达河
汇入水体 汤河水库
断面属性 控制断面
断面类型 河流
断面时段 “十三五”，“十四五”
断面位置 辽宁省辽阳市辽阳县下达河桥
经 纬 度 E 123.2822°，N 40.9964°
水质状况 近 3 年水质总体持平

断面桩

时间	1月	2月	3月	4月	5月	6月	7月	8月	9月	10月	11月	12月
2020年	I	II	I	II	III	II	II	II	II	III	I	I
2021年	I	I	I	I	I	II	II	II	II	II	I	I
2022年	I	I	I	I	I	II	IV	II	II	I	I	I

断面情况示意图

2020 年断面上游

2020 年断面下游

2022 年断面上游

2022 年断面下游

自动监测站

设备间

第四章 · 大凌河

LIAONINGSHENG DIBIAOSHUI HUANJING ZHILIANG
JIANCE WANGLUO JIANSHE TUJI

大凌河是辽宁省西部地区流域面积最大、长度最长的入渤海河流。发源于辽宁省建昌县要路沟乡水泉沟，流经建昌县、喀喇沁左翼蒙古族自治县（喀左县）、朝阳县、北票市、义县和凌海市，于盘山县与凌海市交界处注入渤海。大凌河流域面积为 23 549 km^2，河长 435 km，多年平均年水资源总量为 19.65 亿 m^3，其中地表水资源量为 18.55 亿 m^3、地下水资源量为 9.1 亿 m^3，流域人均水资源量仅 301.3 m^3，该流域是辽宁省的干旱缺水地区。

大凌河支流众多，且多集中于左侧，流域面积在 100 km^2 以上的一级、二级支流达 56 条。其中细河、牤牛河的流域面积在 2 000 km^2 以上，大凌河西支、第二牤牛河、老虎山河的流域面积均大于 1 000 km^2，流域面积在 1 000 km^2 以下的较大支流有凉水河、清河等。

4.1 大凌河干流

4.1.1 王家窝棚

所在水体 大凌河
汇入水体 渤海
断面属性 市界（葫芦岛市 - 朝阳市）
断面类型 河流
断面时段 “十三五”，“十四五”
断面位置 辽宁省葫芦岛市建昌县王家窝铺村北侧 400 m G306 旁
经 纬 度 E 119.7393°，N 40.8579°
水质状况 近 3 年水质总体持平

断面桩

时间	1月	2月	3月	4月	5月	6月	7月	8月	9月	10月	11月	12月
2020 年	劣V	III	II	II	II	III	II	II	II	II	II	II
2021 年	III	II	II	II	II	II	III	II	II	II	II	II
2022 年	III	II	II	II	II	III	II	II	II	II	II	II

污水处理厂基本信息

类型	名称	设计处理能力 /(t/d)	经纬度
乡镇污水处理厂	建昌县污水处理处	30 000	E 119.7879° N 40.8349°

断面情况示意图

2020 年断面上游

2020 年断面下游

2022 年断面上游

2022 年断面下游

自动监测站

设备间

4.1.2 北洞村

所在水体 大凌河
汇入水体 渤海
断面属性 控制断面
断面类型 河流
断面时段 “十四五”
断面位置 辽宁省朝阳市喀喇沁左翼蒙古族自治县北洞村西北侧约 1 km 处桥上
经 纬 度 E 119.6546°，N 41.0207°
水质状况 近 3 年水质总体持平

断面桩

时间	1 月	2 月	3 月	4 月	5 月	6 月	7 月	8 月	9 月	10 月	11 月	12 月
2020 年	II	I	I	III	I	IV	II	II	II	II	I	I
2021 年	IV	I	II	III	IV	II	III	II	II	II	II	II
2022 年	III	II	II	II	II	II	II	II	II	I	I	I

断面情况示意图

2020 年断面上游

2020 年断面下游

2022 年断面上游

2022 年断面下游

4.1.3 凌鸿大桥

所在水体 大凌河
汇入水体 渤海
断面属性 控制断面
断面类型 河流
断面时段 “十二五”，“十三五”，“十四五”
断面位置 辽宁省朝阳市双塔区东外环路公交公司对面
经 纬 度 E 120.4559°，N 41.5332°
水质状况 近 3 年水质总体持平

断面桩

时间	1月	2月	3月	4月	5月	6月	7月	8月	9月	10月	11月	12月
2020年	II	II	II	II	III	III	III	IV	II	II	II	II
2021年	II	III	II	III	II	III	III	II	II	II	II	II
2022年	III	II	II	II	II	II	III	II	II	III	II	II

污水处理厂基本信息

类型	名称	设计处理能力 /(t/d)	经纬度
城市污水处理厂	朝阳县新城污水处理厂	20 000	E 120.4177° N 41.5144°

断面情况示意图

2020 年断面上游

2020 年断面下游

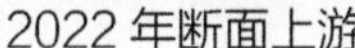

2022 年断面上游

2022 年断面下游

自动监测站

设备间

4.1.4 章吉营

所在水体 大凌河
汇入水体 渤海
断面属性 控制断面
断面类型 河流
断面时段 “十二五”，“十三五”，“十四五”
断面位置 辽宁省朝阳市北票市波台沟村西北 900 m 处
经 纬 度 E 120.7609°，N 41.6722°
水质状况 近 3 年水质总体持平

断面桩

时间	1月	2月	3月	4月	5月	6月	7月	8月	9月	10月	11月	12月
2020年	III	II	III	II	III	III	V	V	IV	III	IV	V
2021年	IV	III	IV	III	III	IV	IV	III	III	III	III	III
2022年	IV	IV	III	III	III	III	III	III	II	II	II	III

污水处理厂基本信息

类型	名称	设计处理能力 /(t/d)	经纬度
城市污水处理厂	朝阳市北控水务有限公司	100 000	E 120.5030° N 41.6033°
	朝阳远达环保水务有限公司什家河污水处理厂	50 000	E 120.4438° N 41.6155°
	朝阳远达环保水务有限公司凤凰新城污水处理厂	10 000	E 120.5911° N 41.6022°

断面情况示意图

2020 年断面上游

2020 年断面下游

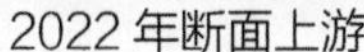

2022 年断面上游

2022 年断面下游

自动监测站

设备间

4.1.5 白石

所在水体 大凌河
汇入水体 渤海
断面属性 市界（朝阳市 - 锦州市）
断面类型 河流
断面时段 “十四五”
断面位置 辽宁省朝阳市北票市上园镇柳黄屯村
经 纬 度 E 121.0281°，N 41.6521°
水质状况 近 3 年水质总体持平

断面桩

时间	1月	2月	3月	4月	5月	6月	7月	8月	9月	10月	11月	12月
2020年	III	II	II	III	III	IV	III	IV	II	II	III	III
2021年	I	I	I	II	III	III	III	II	II	I	II	II
2022年	II	III			II	II	II	II	II	I	I	

污水处理厂基本信息

类型	名称	设计处理能力 /(t/d)	经纬度
城市污水处理厂	北票市污水处理厂	50 000	E 120.7619° N 41.7630°

断面情况示意图

2020 年断面上游

2020 年断面下游

2022 年断面上游

2022 年断面下游

4.1.6 王家沟

所在水体 大凌河
汇入水体 渤海
断面属性 控制断面
断面类型 河流
断面时段 “十一五”，“十二五”，“十三五”，“十四五”
断面位置 辽宁省锦州市义县破台子村南 1.6 km 处
经 纬 度 E 121.1326°，N 41.5532°
水质状况 近 3 年水质总体持平

断面桩

时间	1月	2月	3月	4月	5月	6月	7月	8月	9月	10月	11月	12月
2020年	III	III	II	II	II	I	II	II	II	II	IV	I
2021年	I	II	III	II	I	III	III	II	II	II	II	II
2022年	III	II	II	II	II	II	II	II	II	I	II	II

断面情况示意图

2020 年断面上游

2020 年断面下游

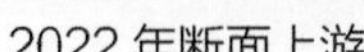

2022 年断面上游

2022 年断面下游

自动监测站

设备间

4.1.7 张家堡

所在水体 大凌河
汇入水体 渤海
断面属性 控制断面
断面类型 河流
断面时段 “十三五”，“十四五”
断面位置 辽宁省锦州市义县张家堡镇西北 2 km 处
经 纬 度 E 121.4308°，N 41.3933°
水质状况 近 3 年水质总体持平

断面情况示意图

时间	1 月	2 月	3 月	4 月	5 月	6 月	7 月	8 月	9 月	10 月	11 月	12 月
2020 年	IV	III	III	IV	III	IV	III	IV	III	IV	III	III
2021 年	III	II	II	II	III	II	IV	III	III	III	II	II
2022 年	II	II	II	II	III	III	IV	III	III	III	III	II

断面桩

污水处理厂基本信息

类型	名称	设计处理能力 /(t/d)	经纬度
城市污水处理厂	义县北控水务有限公司	20 000	E 121.2711° N 41.5441°
乡镇污水处理厂	义县张家堡镇污水处理设施	500	E 121.4579° N 41.4545°
	地藏寺乡污水处理设施	500	E 121.9211° N 41.3490°
	头台镇污水处理设施	500	E 121.1443° N 41.5753°
	九道岭镇污水处理设施	900	E 121.2897° N 41.5680°
	高台子镇污水处理设施	100	E 121.3414° N 41.6972°
	稍户营子镇污水处理设施	200	E 121.5669° N 41.7594°
	凌北新区污水处理设施	2 000	E 121.3058° N 41.5555°

2020 年断面上游

2020 年断面下游

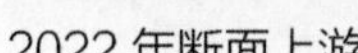

2022 年断面上游

2022 年断面下游

自动监测站

设备间

4.1.8 西八千

所在水体 大凌河
汇入水体 渤海
断面属性 入海口
断面类型 河流
断面时段 “十一五”，“十二五”，“十三五”，“十四五”
断面位置 辽宁省锦州市凌海市陈家村东 1.6 km 处
经 纬 度 E 121.6314°，N 40.9839°
水质状况 近 3 年水质总体持平

断面桩

时间	1月	2月	3月	4月	5月	6月	7月	8月	9月	10月	11月	12月
2020年	III	V	V	IV	III	III	III		IV	II	IV	IV
2021年	劣V	IV	IV	IV	III	IV	IV	IV	III	II	III	II
2022年	II	III	I	III	III	III	IV	III	III	III	III	III

污水处理厂基本信息

类型	名称	设计处理能力 /(t/d)	经纬度
城市污水处理厂（入大凌河）	凌海北控水务有限公司	20 000	E 121.3801° N 41.1675°
	大凌河临时污水处理站	20 000	E 121.3875° N 41.1711°
	铁北临时污水处理站	5 000	E 121.3688° N 41.1866°
乡镇污水处理厂	锦州七里河北控水务有限公司	10 000	E 121.2577° N 41.3280°
	大定堡镇污水处理设施	500	E 121.1069° N 41.4022°

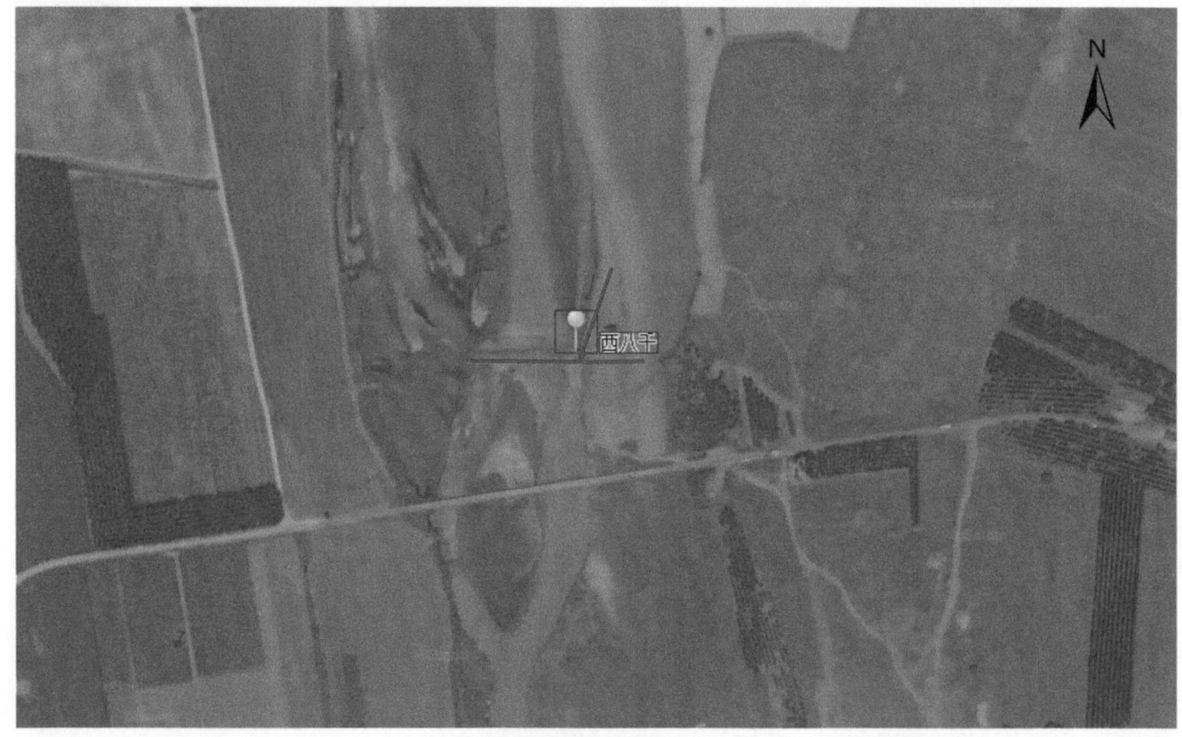

断面情况示意图

2020 年断面上游

2020 年断面下游

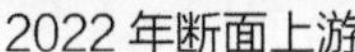

2022 年断面上游

2022 年断面下游

自动监测站

设备间

4.2 大凌河西支

4.2.1 大凌河西支入河口

所在水体 大凌河西支
汇入水体 大凌河
断面属性 入河口
断面类型 河流
断面时段 “十三五”，“十四五”
断面位置 辽宁省朝阳市喀喇沁左翼蒙古族自治县洞上村附近
经 纬 度 E 119.7030°，N 41.1347°
水质状况 近 3 年水质有所好转

断面桩

时间	1 月	2 月	3 月	4 月	5 月	6 月	7 月	8 月	9 月	10 月	11 月	12 月
2020 年	劣Ⅴ	Ⅳ	Ⅴ	Ⅳ	Ⅱ	Ⅳ	Ⅲ	Ⅲ	Ⅲ	Ⅲ	Ⅱ	Ⅰ
2021 年	Ⅱ	Ⅱ	Ⅰ	Ⅱ	Ⅱ	Ⅱ	Ⅱ	Ⅳ	Ⅲ	Ⅲ	Ⅲ	Ⅲ
2022 年	Ⅳ	Ⅲ	Ⅱ	Ⅱ	Ⅲ	Ⅲ	Ⅳ	Ⅳ	Ⅱ	Ⅱ	Ⅱ	Ⅱ

污水处理厂基本信息

类型	名称	设计处理能力 /(t/d)	经纬度
城市污水处理厂	凌源远达水务有限公司	50 000	E 119.4166° N 41.2094°

断面情况示意图

2020 年断面上游

2020 年断面下游

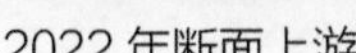

2022 年断面上游

2022 年断面下游

自动监测站

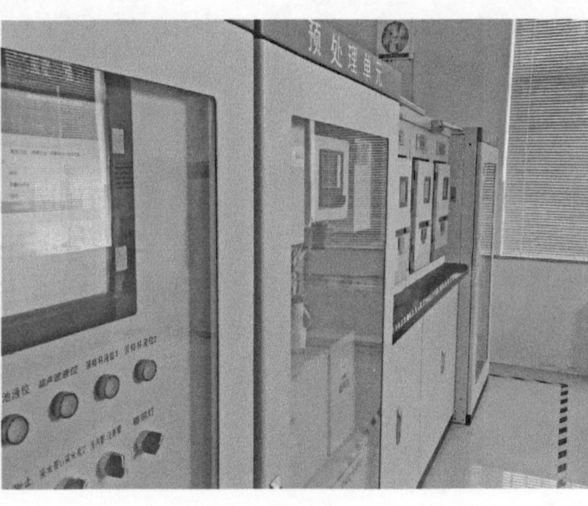

设备间

4.3 第二牤牛河

4.3.1 水泉村桥

所在水体 第二牤牛河

汇入水体 大凌河

断面属性 入河口

断面类型 河流

断面时段 “十四五”

断面位置 辽宁省朝阳市喀喇沁左翼蒙古族自治县水泉镇北侧约 300 m 桥上

经 纬 度 E 119.9350°，N 41.3044°

水质状况 近 3 年水质总体持平

断面桩

时间	1 月	2 月	3 月	4 月	5 月	6 月	7 月	8 月	9 月	10 月	11 月	12 月
2020 年	Ⅳ	Ⅲ	Ⅳ	Ⅱ	Ⅲ	Ⅳ	Ⅳ			Ⅲ	Ⅱ	Ⅱ
2021 年	Ⅰ	Ⅴ	Ⅲ	Ⅴ	Ⅲ	Ⅱ	Ⅳ	Ⅱ	Ⅲ	Ⅲ	Ⅳ	Ⅳ
2022 年	Ⅴ	劣Ⅴ	Ⅳ	Ⅲ	Ⅲ	Ⅳ	Ⅱ	Ⅲ	Ⅲ	Ⅳ	Ⅳ	Ⅲ

污水处理厂基本信息

类型	名称	设计处理能力 /(t/d)	经纬度
城市污水处理厂	建平县污水处理厂	30 000	E 119.6705° N 41.4086°

断面情况示意图

2020 年断面上游

2020 年断面下游

2022 年断面上游

2022 年断面下游

4.4 老虎山河

4.4.1 李家湾大桥

所在水体 老虎山河
汇入水体 大凌河
断面属性 入河口
断面类型 河流
断面时段 “十三五”，“十四五”
断面位置 辽宁省朝阳市朝阳县李家湾大桥
经 纬 度 E 120.1256°，N 41.4769°
水质状况 近 3 年水质总体持平

断面桩

时间	1 月	2 月	3 月	4 月	5 月	6 月	7 月	8 月	9 月	10 月	11 月	12 月
2020 年	I	III	II	I	II	II	II	III	III	III	I	I
2021 年	I	I	I	I	I	II	II	II	II	III	I	I
2022 年	I	I	I	I	II	II	II	II	II	I	I	I

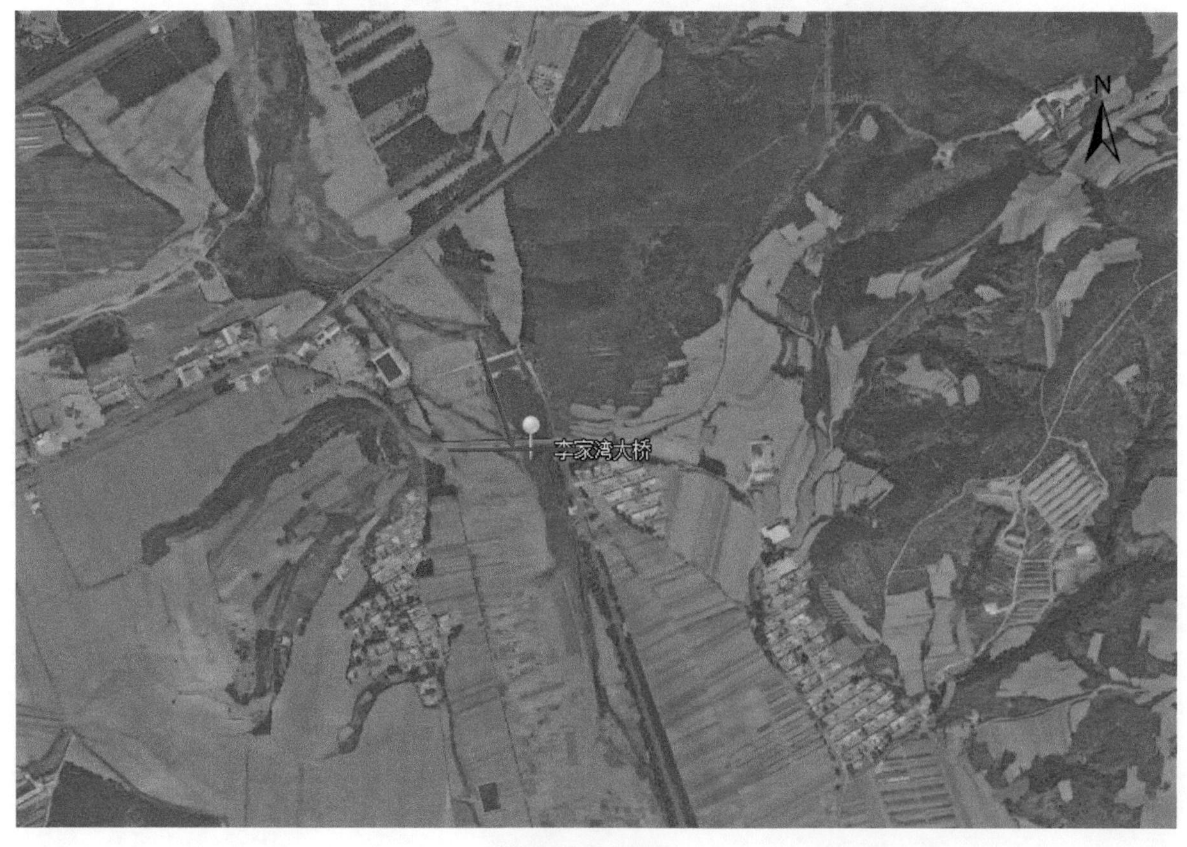

断面情况示意图

2020 年断面上游

2020 年断面下游

2022 年断面上游

2022 年断面下游

自动监测站

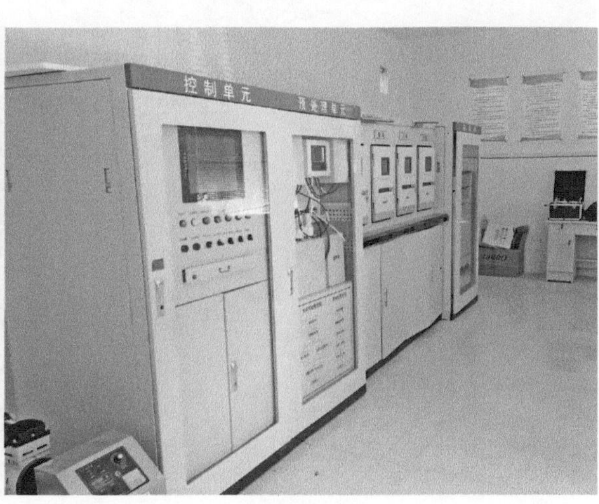

设备间

4.5 牤牛河

4.5.1 牤牛河大桥

所在水体 牤牛河
汇入水体 大凌河
断面属性 入库口
断面类型 河流
断面时段 “十三五”，“十四五”
断面位置 辽宁省朝阳市北票市金塔集团辣椒基地附近 48 m 处
经 纬 度 E 120.9750°，N 41.8778°
水质状况 近 3 年水质有所下降

断面桩

时间	1 月	2 月	3 月	4 月	5 月	6 月	7 月	8 月	9 月	10 月	11 月	12 月
2020 年	II	III	II	II	IV	III	III	IV	III	III	I	I
2021 年	III	I	II	I	I	II	IV	III	II	III	III	II
2022 年	III	III	IV	III	II	III	III	III	III	III	II	II

断面情况示意图

2020 年断面上游

2020 年断面下游

2022 年断面上游

2022 年断面下游

自动监测站

设备间

4.6 西细河

4.6.1 杨家荒桥

所在水体 细河
汇入水体 大凌河
断面属性 控制断面
断面类型 河流
断面时段 “十四五”
断面位置 辽宁省阜新市阜新蒙古族自治县阜新镇杨家荒村
经 纬 度 E 121.7547°，N 42.1131°
水质状况 近 3 年水质明显好转

断面桩

时间	1 月	2 月	3 月	4 月	5 月	6 月	7 月	8 月	9 月	10 月	11 月	12 月
2020 年		Ⅳ	Ⅳ									Ⅲ
2021 年	Ⅲ	Ⅰ	Ⅲ	Ⅰ	Ⅰ	Ⅱ	Ⅲ	Ⅲ	Ⅱ	Ⅱ	Ⅱ	Ⅲ
2022 年	Ⅱ	Ⅱ	Ⅱ		Ⅰ	Ⅰ	Ⅲ	Ⅲ	Ⅲ	Ⅰ	Ⅰ	

断面情况示意图

2020 年断面上游

2020 年断面下游

2022 年断面上游

2022 年断面下游

4.6.2 高台子

所在水体 细河
汇入水体 大凌河
断面属性 市界（阜新市 - 锦州市）
断面类型 河流
断面时段 “十二五”，“十三五”，“十四五”
断面位置 辽宁省锦州市义县东高家屯村东 870 m 处
经 纬 度 E 121.4443°，N 41.6881°
水质状况 近 3 年水质有所好转

断面情况示意图

时间	1 月	2 月	3 月	4 月	5 月	6 月	7 月	8 月	9 月	10 月	11 月	12 月
2020 年	Ⅳ	Ⅲ	Ⅳ	Ⅳ	Ⅳ	Ⅴ	Ⅳ	Ⅴ	Ⅳ	Ⅲ	Ⅲ	Ⅳ
2021 年	Ⅳ	Ⅳ	Ⅲ	Ⅳ	Ⅳ	Ⅳ	Ⅳ	Ⅳ	Ⅳ	Ⅲ	Ⅳ	Ⅳ
2022 年	Ⅲ	Ⅲ	Ⅲ	Ⅲ	Ⅳ	Ⅳ	Ⅲ	Ⅲ	Ⅲ	Ⅲ	Ⅳ	Ⅳ

断面桩

污水处理厂基本信息

类型	名称	设计处理能力 /(t/d)	经纬度
城市污水处理厂	阜新市蒙古贞污水处理有限公司	50 000	E 121.7138° N 42.0387°
	阜新市清源污水处理有限公司	100 000	E 21.5841° N 41.9544°
	阜新市北控水务有限公司	100 000	E 121.5836° N 41.9656°
	阜新市清河门区津源污水处理有限公司	15 000	E 121.4421° N 41.7837°
乡镇污水处理厂	阜新碧波污水处理厂	15 000	E 121.5201° N 41.8275°
	阜新温泉城污水处理厂	3 000	E 121.5613° N 41.8970°
	佛寺镇污水处理厂	500	E 121.4425° N 41.9183°
	阜新镇污水处理厂	7 500	E 121.7155° N 42.0983°
	河西镇人工湿地污水处理设施	500	E 121.3922° N 41.7463°

2020 年断面上游

2020 年断面下游

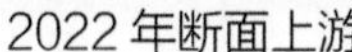

2022 年断面上游

2022 年断面下游

自动监测站

设备间

第五章 · 小凌河

LIAONINGSHENG DIBIAOSHUI HUANJING ZHILIANG
JIANCE WANGLUO JIANSHE TUJI

小凌河是辽宁省西部地区独流入渤海的河流，发源于辽宁省朝阳市朝阳县瓦房子镇牛粪洞子村明安喀喇山脉，由西向东流经朝阳县、葫芦岛市南票区、锦州市区，于凌海市注入渤海。流域面积为 5 475 km^2，河长 206.2 km，多年平均年径流量为 6.65 亿 m^3，该流域是严重的资源性缺水地区。

小凌河有 14 条支流流域面积大于 100 km^2，其中流域面积大于 1 000 km^2 的支流只有女儿河一条。

5.1 小凌河干流

5.1.1 松岭门

所在水体 小凌河
汇入水体 渤海
断面属性 市界（朝阳市 - 锦州市）
断面类型 河流
断面时段 “十四五”
断面位置 辽宁省锦州市凌海市乃山沟村西南 1.8 km 处
经 纬 度 E 120.7189°，N 41.2180°
水质状况 近 3 年水质总体持平

断面桩

时间	1月	2月	3月	4月	5月	6月	7月	8月	9月	10月	11月	12月
2020年		II	II	II	III	II	III		III	II	IV	III
2021年	I	I	II	III	III	II	II	III	II	III	II	II
2022年	II	II	II		II	II	III			II	II	

断面情况示意图

2020 年断面上游

2020 年断面下游

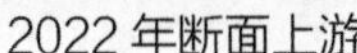

2022 年断面上游

2022 年断面下游

自动监测站

设备间

5.1.2 何家信子

所在水体 小凌河
汇入水体 渤海
断面属性 控制断面
断面类型 河流
断面时段 “十三五”，“十四五”
断面位置 辽宁省锦州市太和区北壕村北 737 m 处
经 纬 度 E 121.0608°，N 41.1370°
水质状况 近 3 年水质总体持平

断面桩

时间	1月	2月	3月	4月	5月	6月	7月	8月	9月	10月	11月	12月
2020年	Ⅳ	Ⅱ	Ⅱ	Ⅲ	Ⅱ	Ⅲ	Ⅲ	Ⅱ	Ⅰ	Ⅰ	Ⅰ	Ⅰ
2021年	Ⅰ	Ⅱ	Ⅱ	Ⅲ	Ⅲ	Ⅲ	Ⅲ	Ⅰ	Ⅱ	Ⅰ	Ⅱ	Ⅱ
2022年	Ⅱ	Ⅲ	Ⅱ	Ⅲ	Ⅱ	Ⅱ	Ⅲ	Ⅱ	Ⅰ	Ⅰ	Ⅰ	Ⅰ

断面情况示意图

2020 年断面上游

2020 年断面下游

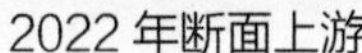

2022 年断面上游

2022 年断面下游

自动监测站

设备间

5.1.3 西树林

所在水体 小凌河
汇入水体 渤海
断面属性 入海口
断面类型 河流
断面时段 “十三五”，“十四五”
断面位置 辽宁省锦州市凌海市西树林西南 741 m 处
经 纬 度 E 121.2391°，N 41.0232°
水质状况 近 3 年水质总体持平

断面桩

时间	1月	2月	3月	4月	5月	6月	7月	8月	9月	10月	11月	12月
2020年	劣V	III	IV	IV	IV	III	IV	IV	III	III	III	IV
2021年	III	IV	IV	IV	IV	IV	III	IV	III	III	III	III
2022年	III	III	II	III	III	III	III	III	III	III	IV	III

污水处理厂基本信息

类型	名称	设计处理能力 /(t/d)	经纬度
城市污水处理厂	锦州市女儿河北控水务有限公司	50 000	E 121.9611° N 41.1233°
	锦州松山水务环境有限公司	5 000	E 121.1142° N 41.9997°
	锦州市北控水务有限公司	300 000	E 121.1992° N 41.1075°

断面情况示意图

2020 年断面上游

2020 年断面下游

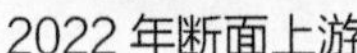
2022 年断面上游

2022 年断面下游

自动监测站

设备间

5.1.4 东山根

所在水体 小凌河
汇入水体 渤海
断面属性 控制断面
断面类型 河流
断面时段 “十四五”
断面位置 辽宁省朝阳市朝阳县六家子镇东山根村
经 纬 度 E 120.2611°，N 40.9889°
水质状况 近 3 年水质总体持平

断面桩

时间	1月	2月	3月	4月	5月	6月	7月	8月	9月	10月	11月	12月
2020年		III	III	II	III	II	II	III	II	II	II	II
2021年	III	I	I	II	IV	II	II	II	III	II	I	II
2022年	III	II	II		II	II	II	II	II	II	II	II

断面情况示意图

2020 年断面上游

2020 年断面下游

2022 年断面上游

2022 年断面下游

5.2 女儿河

5.2.1 汉沟

所在水体 女儿河
汇入水体 小凌河
断面属性 控制断面
断面类型 河流
断面时段 “十四五”
断面位置 辽宁省葫芦岛市 S221 葫六线佟屯大桥下
经 纬 度 E 120.4626°，N 40.8587°
水质状况 近 3 年水质有所下降

断面桩

时间	1 月	2 月	3 月	4 月	5 月	6 月	7 月	8 月	9 月	10 月	11 月	12 月
2020 年	Ⅳ	Ⅰ	Ⅰ	Ⅰ	Ⅰ	Ⅰ	Ⅰ		Ⅱ	Ⅰ	Ⅰ	Ⅲ
2021 年	Ⅰ	Ⅰ	Ⅰ	Ⅰ	Ⅱ	Ⅱ	Ⅰ	Ⅱ	Ⅱ	Ⅲ	Ⅱ	Ⅰ
2022 年	Ⅲ				Ⅱ	Ⅱ	Ⅱ	Ⅱ	Ⅱ	Ⅰ	Ⅰ	

断面情况示意图

2020 年断面上游

2020 年断面下游

2022 年断面上游

2022 年断面下游

5.2.2 卧佛寺

所在水体 女儿河
汇入水体 小凌河
断面属性 市界（葫芦岛市 - 锦州市）
断面类型 河流
断面时段 “十三五”，“十四五”
断面位置 辽宁省葫芦岛市连山区卧佛寺西北 221 m 处
经 纬 度 E 120.9003°，N 41.0398°
水质状况 近 3 年水质总体持平

断面桩

时间	1 月	2 月	3 月	4 月	5 月	6 月	7 月	8 月	9 月	10 月	11 月	12 月
2020 年	III	II	III	II	III	II	III	II	III	II	IV	III
2021 年	I	III	II	II	III	II	III	III	II	II	II	II
2022 年	III	III	III	III	III	III	II	II	II	II	II	

污水处理厂基本信息

类型	名称	设计处理能力 /(t/d)	经纬度
城市污水处理厂	葫芦岛市南票区污水处理有限公司	5 000	E 120.7738° N 41.0855°

断面情况示意图

2020 年断面上游

2020 年断面下游

2022 年断面上游

2022 年断面下游

5.2.3 女儿河入河口

所在水体 女儿河
汇入水体 小凌河
断面属性 控制断面
断面类型 河流
断面时段 “十三五”，“十四五”
断面位置 辽宁省锦州市太和区滨河路锦州东湖一号伟才幼儿园东南 225 m 处
经 纬 度 E 121.1428°，N 41.0875°
水质状况 近 3 年水质有所好转

断面桩

时间	1 月	2 月	3 月	4 月	5 月	6 月	7 月	8 月	9 月	10 月	11 月	12 月
2020 年	Ⅳ	Ⅳ	Ⅲ	Ⅲ	Ⅲ	Ⅳ	Ⅲ	Ⅲ	Ⅲ	Ⅲ	Ⅲ	Ⅲ
2021 年	Ⅲ	Ⅲ	Ⅱ	Ⅲ	Ⅲ	Ⅳ	Ⅲ	Ⅳ	Ⅲ	Ⅲ	Ⅱ	Ⅱ
2022 年	Ⅱ	Ⅱ	Ⅱ	Ⅲ	Ⅲ	Ⅱ	Ⅲ	Ⅲ	Ⅱ	Ⅲ	Ⅱ	Ⅳ

断面情况示意图

2020 年断面上游

2020 年断面下游

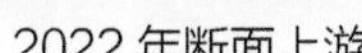

2022 年断面上游

2022 年断面下游

自动监测站

设备间

第六章 · 鸭绿江

LIAONINGSHENG DIBIAOSHUI HUANJING ZHILIANG
JIANCE WANGLUO JIANSHE TUJI

鸭绿江是中国、朝鲜两国的界河，发源于吉林省东南长白山南麓，全长816 km，在中国境内流经吉林、辽宁两省，西南流向，在吉林省浑江口进入辽宁省宽甸满族自治县内，经宽甸、丹东市区于东港市大东街道注入黄海。在我国一侧的主要支流有浑江、爱河、蒲石河等。流域水资源丰富，多年平均降水量为508 mm。河长816 km，流域面积为6.45万 km^2，流域多年平均年径流量约320亿 m^3，年入海水量316.9亿 m^3。

在辽宁省内，鸭绿江河长235 km，流域面积为1.7万 km^2。

流域属于中温带湿润区，夏天炎热多雨，冬天严寒干燥。年内径流有明显的春汛和夏汛。每年11月下旬至次年3月中下旬为河流封冻期。3月中下旬积雪开始融化、形成春汛，占全年径流量的6%～15%。6月中旬进入夏汛期（6—9月），径流量占全年的80%左右。

鸭绿江水系支流众多，在中国境内沿途接纳流域面积大于10 000 km^2 的支流1条，即浑江；流域面积1 000～10 000 km^2 的支流2条，即蒲石河、爱河；流域面积100～1 000 km^2 的支流3条，即八道沟河、五道沟河、三道沟河；其他较小支流60余条。

6.1 鸭绿江水库

6.1.1 荒沟

所在水体 鸭绿江
汇入水体 黄海
断面属性 国界（中国 - 朝鲜）
断面类型 河流
断面时段 “十二五”，“十三五”，“十四五”
断面位置 辽宁省水文局荒沟水文站
经 纬 度 E 124.6037°，N 40.2817°
水质状况 近 3 年水质总体持平

断面桩

时间	1 月	2 月	3 月	4 月	5 月	6 月	7 月	8 月	9 月	10 月	11 月	12 月
2020 年	I	I	I	I	I	I	I	II	II	II	II	II
2021 年			II	II	II	II	II	II	II	II	II	II
2022 年			I	II	II	II		II	II	II	II	

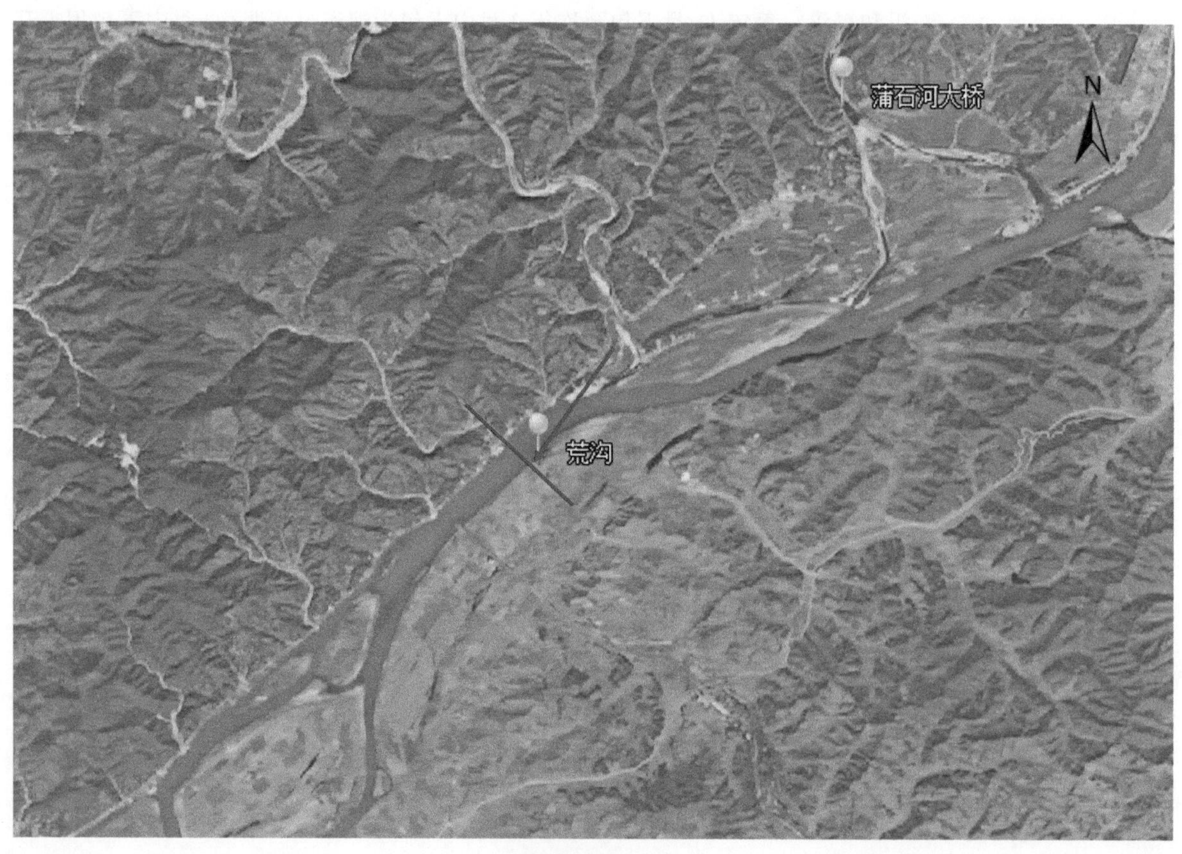

断面情况示意图

2020 年断面上游

2020 年断面下游

2022 年断面上游

2022 年断面下游

6.1.2 江桥

所在水体 鸭绿江
汇入水体 黄海
断面属性 国界（中国 - 朝鲜）
断面类型 河流
断面时段 “十一五”，“十二五”，“十三五”，“十四五”
断面位置 辽宁省丹东市鸭绿江大桥
经 纬 度 E 124.3900°，N 40.1157°
水质状况 近 3 年水质总体持平

断面桩

时间	1 月	2 月	3 月	4 月	5 月	6 月	7 月	8 月	9 月	10 月	11 月	12 月
2020 年	II	II	II	II	II	II	I	II	II	II	II	II
2021 年	II	II	I	I	I	I	II	I	II	II	II	I
2022 年	II	II	II	II	I	II	II	II	II	II	II	II

断面情况示意图

2020 年断面上游

2020 年断面下游

2022 年断面上游

2022 年断面下游

自动监测站

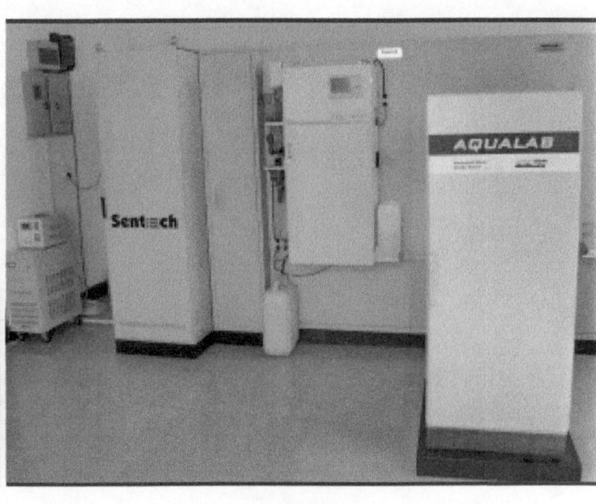

设备间

6.1.3 文安

所在水体 鸭绿江
汇入水体 黄海
断面属性 国界（中国 - 朝鲜）
断面类型 河流
断面时段 “十一五”，“十二五”，“十三五”，“十四五”
断面位置 辽宁省丹东市鸭绿江大街金融大厦
经 纬 度 E 124.3662°，N 40.0067°
水质状况 近 3 年水质总体持平

断面桩

时间	1 月	2 月	3 月	4 月	5 月	6 月	7 月	8 月	9 月	10 月	11 月	12 月
2020 年	II	II	II	II	II	II	II	II	II	II	II	II
2021 年			II	II	II	II	II	II	II	II	II	II
2022 年			II	II	II	II		II	II	II	II	

污水处理厂基本信息

类型	名称	设计处理能力 /(t/d)	经纬度
城市污水处理厂	丹东光水污水处理有限公司	100 000	E 124.3222° N 40.0425°

断面情况示意图

2020 年断面上游

2020 年断面下游

2022 年断面上游

2022 年断面下游

6.1.4 厦子沟

所在水体 鸭绿江
汇入水体 黄海
断面属性 入海口，国界（中国 - 朝鲜）
断面类型 河流
断面时段 “十二五”，“十三五”，“十四五”
断面位置 陆域位置与辽宁省丹东市东港市海龙村位置平行
经 纬 度 E 124.3236°，N 39.9353°
水质状况 近 3 年水质总体持平

时间	1 月	2 月	3 月	4 月	5 月	6 月	7 月	8 月	9 月	10 月	11 月	12 月
2020 年	II	II	II	II	II	II	II	II	II	II	II	II
2021 年			II	II	II	II	II	II	II	II	II	II
2022 年			II	II	II	II		II	II	II	II	

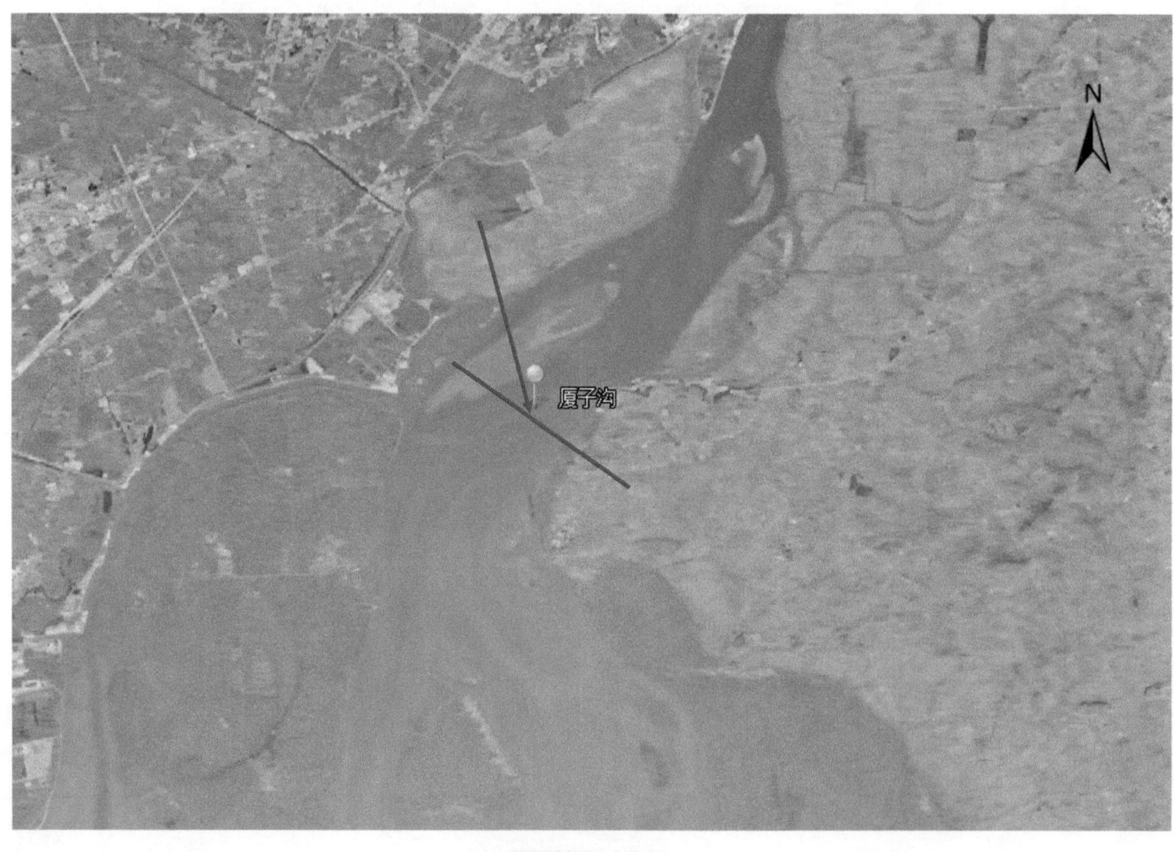

断面情况示意图

2020 年断面上游

2020 年断面下游

2022 年断面上游

2022 年断面下游

6.2 爱河

6.2.1 石城

所在水体 爱河
汇入水体 鸭绿江
断面属性 控制断面
断面类型 河流
断面时段 “十四五”
断面位置 辽宁省丹东市凤城市三毛线石城镇石城站西北 600 m 处
经 纬 度 E 124.2981°，N 40.6359°
水质状况 近 3 年水质总体持平

断面桩

时间	1月	2月	3月	4月	5月	6月	7月	8月	9月	10月	11月	12月
2020年		II	II	I	I	I	I	I	II	I	I	I
2021年	I	I	I	I	I	I	I	I	I	I	I	I
2022年	I	I	I		I	I	II	II	II	II	II	

断面情况示意图

2020 年断面上游

2020 年断面下游

2022 年断面上游

2022 年断面下游

6.2.2 爱河大桥

断面桩

所在水体 爱河
汇入水体 鸭绿江
断面属性 入河口
断面类型 河流
断面时段 “十三五”，“十四五”
断面位置 辽宁省丹东市宽甸满族自治县虎山镇辽宁大自然生态养老发展有限公司西北 358 m 处
经 纬 度 E 124.4948°，N 40.2665°
水质状况 近 3 年水质总体持平

时间	1 月	2 月	3 月	4 月	5 月	6 月	7 月	8 月	9 月	10 月	11 月	12 月
2020 年	II	II	II	I	I	II	II	II	II	I	I	II
2021 年	II	I	II	II	II	II	II	II	II	II	II	I
2022 年	II	II	II	I	II	III	II	II	II	I	I	I

污水处理厂基本信息

类型	名称	设计处理能力 /(t/d)	经纬度
城市污水处理厂	凤城市污水处理厂	30 000	E 124.1189° N 40.4539°

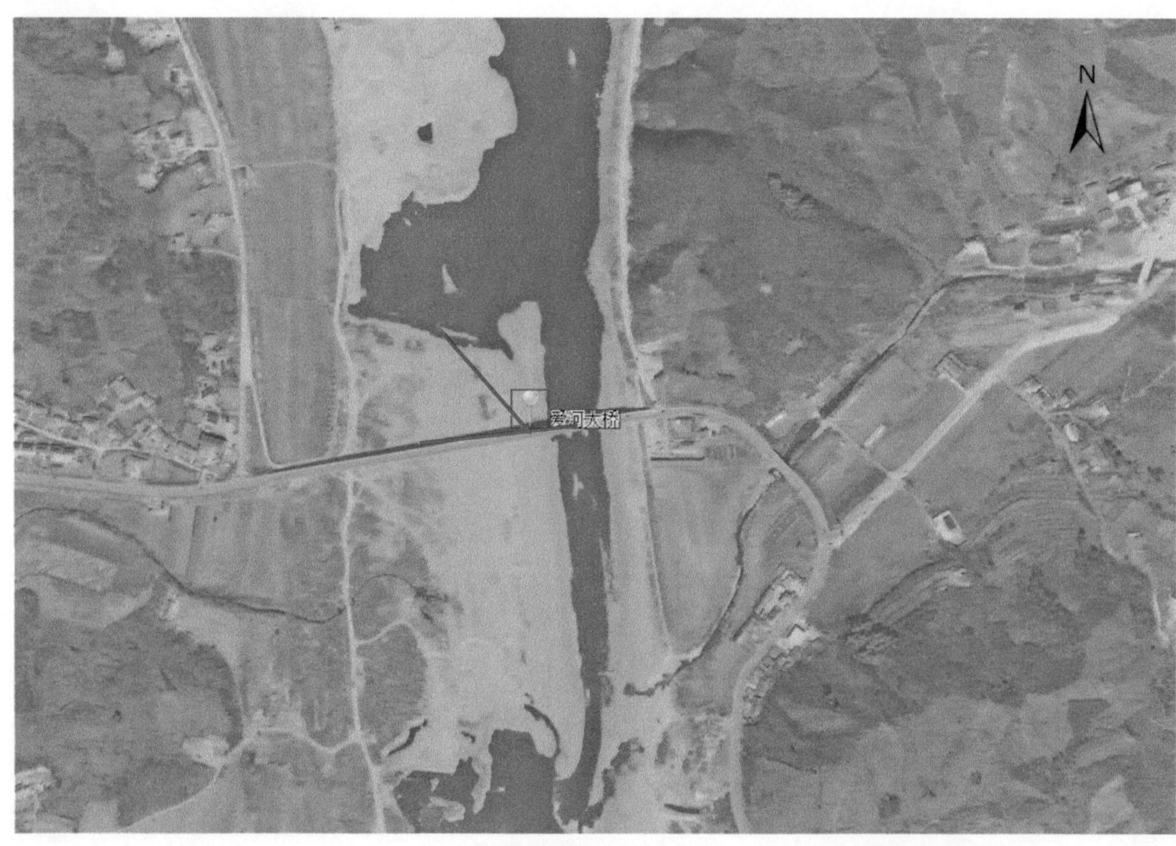

断面情况示意图

2020 年断面上游

2020 年断面下游

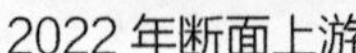
2022 年断面上游

2022 年断面下游

自动监测站

设备间

6.3 草河

6.3.1 河南堡

所在水体 草河
汇入水体 爱河
断面属性 市界（本溪市 - 丹东市）
断面类型 河流
断面时段 “十四五”
断面位置 辽宁省本溪市本溪满族自治县河南堡村头
经 纬 度 E 124.0627°，N 40.8765°
水质状况 近 3 年水质有所好转

断面桩

时间	1月	2月	3月	4月	5月	6月	7月	8月	9月	10月	11月	12月
2020年		I	I	II	I	II	I	I	II	I	I	II
2021年	II	II	II	I	I	I	II	II	II	II	II	II
2022年	I	I	I	I	I	I	I	I	I	III		

断面情况示意图

2020 年断面上游

2020 年断面下游

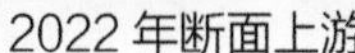

2022 年断面上游

2022 年断面下游

自动监测站

设备间

6.3.2 草河大桥

所在水体 草河
汇入水体 爱河
断面属性 控制断面
断面类型 河流
断面时段 “十四五”
断面位置 辽宁省丹东市凤城市草河大桥下
经 纬 度 E 124.1060°，N 40.4652°
水质状况 近 3 年水质有所好转

断面桩

时间	1 月	2 月	3 月	4 月	5 月	6 月	7 月	8 月	9 月	10 月	11 月	12 月
2020 年		III	III	IV	III	IV	II	II	II	II	II	III
2021 年	II	II	II	II	I	II	III	II	II	II	I	I
2022 年	I	I	I		V	III	II	II	II	II	II	

断面情况示意图

2020 年断面上游

2020 年断面下游

2022 年断面上游

2022 年断面下游

6.4 富尔江

6.4.1 东江沿

所在水体 富尔江
汇入水体 浑江
断面属性 省界（吉 - 辽）
断面类型 河流
断面时段 “十四五”
断面位置 吉林省通化市通化县 S104 富尔江大桥
经 纬 度 E 125.3289°，N 41.7157°
水质状况 近 3 年水质总体持平

断面桩

时间	1月	2月	3月	4月	5月	6月	7月	8月	9月	10月	11月	12月
2020 年		II	II	II	II	II	III	III	III	III	I	I
2021 年			III	III	II	III	III	III	II	II	II	I
2022 年	I	II	II		III		III			II	II	

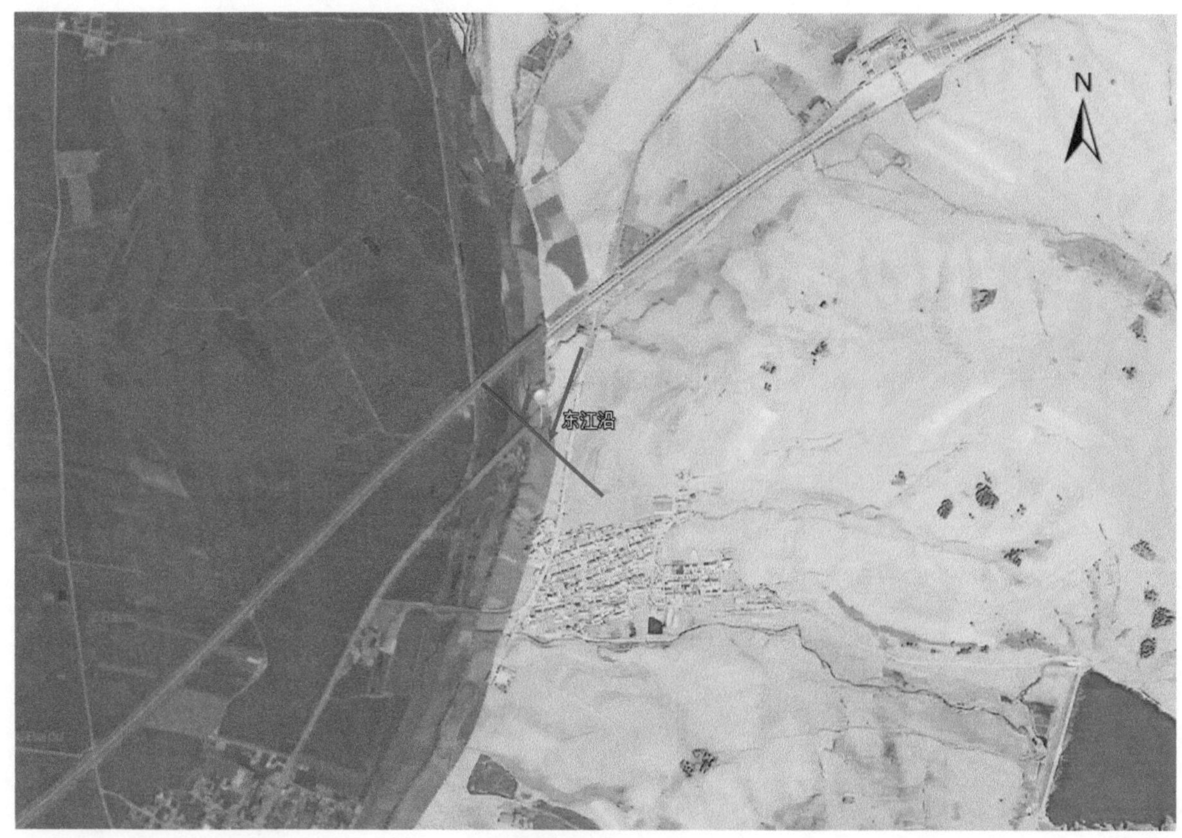

断面情况示意图

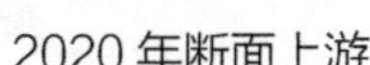

2020 年断面上游

2020 年断面下游

2022 年断面上游

2022 年断面下游

自动监测站

6.4.2 业主沟

所在水体 富尔江
汇入水体 浑江
断面属性 市界（抚顺市 - 本溪市）
断面类型 河流
断面时段 “十四五”
断面位置 辽宁省本溪市桓仁满族自治区业主沟大桥桥头
经 纬 度 E 125.3770°，N 41.4689°
水质状况 近 3 年水质总体持平

断面桩

时间	1 月	2 月	3 月	4 月	5 月	6 月	7 月	8 月	9 月	10 月	11 月	12 月
2020 年		II	II	II	II	II	II	III	III	I	I	I
2021 年				II	II	II	II	II	II	II	II	I
2022 年	I	I	I	II	II	II	II	II	II	I	I	

断面情况示意图

2020 年断面上游

2020 年断面下游

2022 年断面上游

2022 年断面下游

6.5 浑江

6.5.1 凤鸣电站

所在水体 浑江
汇入水体 鸭绿江
断面属性 控制断面
断面类型 河流
断面时段 “十三五”，“十四五”
断面位置 辽宁省本溪市桓仁满族自治县凤鸣水电站库区凤鸣大坝上游 5.5 km 处
经 纬 度 E 125.3305°，N 41.2594°
水质状况 近 3 年水质总体持平

断面桩

时间	1月	2月	3月	4月	5月	6月	7月	8月	9月	10月	11月	12月
2020年	I	II	III	II	II	II	II	I	II	II	III	II
2021年	II	II	II	II	II	II	II	II	I	II	II	II
2022年	I	I	I	II	II	II	II	II	II	II	I	I

断面情况示意图

2020 年断面上游

2020 年断面下游

自动监测站

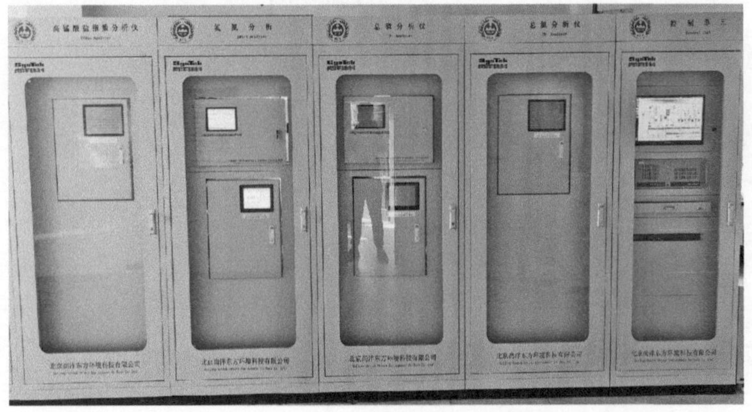

设备间

6.5.2 浑江口大桥

所在水体 浑江
汇入水体 鸭绿江
断面属性 控制断面
断面类型 河流
断面时段 “十四五”
断面位置 辽宁省丹东市宽甸满族自治县浑江口大桥处
经 纬 度 E 125.6240°，N 40.9040°
水质状况 近 3 年水质总体持平

断面桩

时间	1月	2月	3月	4月	5月	6月	7月	8月	9月	10月	11月	12月
2020 年		III	III	II	I	II	I	I	II	II	II	II
2021 年				II	III	II	II	II	II	II	II	II
2022 年					II	II	II	II	II	II	II	

断面情况示意图

2020 年断面上游

2020 年断面下游

2022 年断面上游

2022 年断面下游

6.5.3 大顶子沟

所在水体 浑江
汇入水体 鸭绿江
断面属性 入库口，市界（本溪市 - 丹东市）
断面类型 河流
断面时段 “十四五”
断面位置 辽宁省丹东市宽甸满族自治县青山沟沿江边公路尽头
经 纬 度 E 125.2695°，N 41.0119°
水质状况 近 3 年水质总体持平

断面桩

时间	1月	2月	3月	4月	5月	6月	7月	8月	9月	10月	11月	12月
2020年				II	I	II	II	II	III	II	III	II
2021年	II	II	II	II	II	II	II	II	II	II	II	II
2022年					IV	I	III	II	II	II	II	

断面情况示意图

2020 年断面上游

2020 年断面下游

2022 年断面上游

2022 年断面下游

6.6 蒲石河

6.6.1 蒲石河大桥

所在水体 蒲石河
汇入水体 鸭绿江
断面属性 入河口
断面类型 河流
断面时段 “十三五”，“十四五”
断面位置 辽宁省丹东市宽甸满族自治县古楼子镇蒲石河大桥
经 纬 度 E 124.6697°，N 40.3288°
水质状况 近 3 年水质有所下降

断面桩

时间	1 月	2 月	3 月	4 月	5 月	6 月	7 月	8 月	9 月	10 月	11 月	12 月
2020 年	I	I	II	I	I	I	I	I	I	I	I	II
2021 年	II	I	I	I	I	II	II	II	II	II	II	II
2022 年	II	II	I	I	I	II	II	II	II	I	I	I

污水处理厂基本信息

类型	名称	设计处理能力 /(t/d)	经纬度
城市污水处理厂	北控（宽甸）水务有限公司	30 000	E 124.7797° N 40.7031°

断面情况示意图

2020 年断面上游

2020 年断面下游

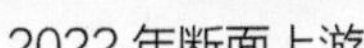

2022 年断面上游

2022 年断面下游

自动监测站

设备间

6.7 半拉江

6.7.1 坦甸子

所在水体 半拉江
汇入水体 浑江
断面属性 控制断面
断面类型 河流
断面时段 “十四五”
断面位置 辽宁省丹东市宽甸满族自治县太平哨镇坦甸子村
经 纬 度 E 125.2542°，N 40.9299°
水质状况 近 3 年水质总体持平

断面桩

时间	1月	2月	3月	4月	5月	6月	7月	8月	9月	10月	11月	12月
2020年		I	I	II	I	I	I	II	I	II	I	I
2021年	I	I	I	II	II	II	II	II	II	II	II	II
2022年	I	I	I		I	I	III			I	I	

断面情况示意图

2020 年断面上游

2020 年断面下游

2022 年断面上游

2022 年断面下游

第七章 · 独流入海

LIAONINGSHENG DIBIAOSHUI HUANJING ZHILIANG
JIANCE WANGLUO JIANSHE TUJI

辽宁省共有 18 条直接注入渤海和黄海的沿海河流，主要有大沙河、六股河、大清河、复州河、碧流河、大洋河等。

大沙河发源于普兰店区乐甲满族乡，流经普兰店区、瓦房店市、金州区，在大刘家街道麦家村入黄海。六股河发源于辽宁省建昌县谷杖子乡，流经建昌县，在兴城市刘台子满族乡注入渤海。大清河发源于大石桥市建一镇，流经大石桥市、盖州市，在盖州市西海街道注入渤海。复州河发源于辽宁省大连普兰店区同益街道，流经普兰店区、瓦房店市，于三台满族乡注入渤海。碧流河发源于辽宁省盖州市卧龙泉镇，流经盖州市、庄河市，于普兰店区碧流河社区注入黄海。大洋河发源于岫岩满族自治县偏岭镇，流经岫岩县、凤城市、东港市，至东港市黄土坎镇入黄海。

7.1 大旱河

7.1.1 营盖公路

所在水体 大旱河
汇入水体 渤海
断面属性 入海口
断面类型 河流
断面时段 “十三五”，“十四五”
断面位置 辽宁省营口市盖州市泉艳饭店北 194 m 处
经 纬 度 E 122.3812°，N 40.5225°
水质状况 近 3 年水质总体持平

断面桩

时间	1 月	2 月	3 月	4 月	5 月	6 月	7 月	8 月	9 月	10 月	11 月	12 月
2020 年	III	IV	III	IV	IV	V	V	劣 V	IV	V	III	III
2021 年	III	III	V	III	IV	IV	V	IV	IV	IV	III	IV
2022 年	III	V				IV	V	III	III	III	III	III

断面情况示意图

2020 年断面上游

2020 年断面下游

2022 年断面上游

2022 年断面下游

7.2 大清河

7.2.1 廉家崴子

所在水体 大清河
汇入水体 渤海
断面属性 入库口
断面类型 河流
断面时段 “十四五”
断面位置 辽宁省营口市盖州市廉家崴子村附近
经 纬 度 E 122.7464°，N 40.4054°
水质状况 近 3 年水质总体持平

断面桩

时间	1 月	2 月	3 月	4 月	5 月	6 月	7 月	8 月	9 月	10 月	11 月	12 月
2020 年	I	II	II	I	II	II	II	II	II	IV	IV	II
2021 年	III	I	II	II	II	I	II	II	II	II	II	II
2022 年	I	I	I			I	II	II	II	II	II	

断面情况示意图

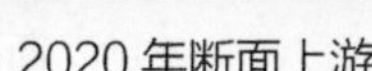

2020 年断面上游

2020 年断面下游

2022 年断面上游

2022 年断面下游

自动监测站

设备间

7.2.2 大清河口

所在水体 大清河
汇入水体 渤海
断面属性 入海口
断面类型 河流
断面时段 “十三五”，“十四五”
断面位置 辽宁省营口市盖州市西海村南 964 m 处
经 纬 度 E 122.3030°，N 40.4150°
水质状况 近 3 年水质总体持平

断面桩

时间	1月	2月	3月	4月	5月	6月	7月	8月	9月	10月	11月	12月
2020 年	劣Ⅴ	Ⅲ	Ⅱ	Ⅲ	Ⅳ	Ⅱ	Ⅳ	Ⅲ	Ⅱ	Ⅱ	Ⅱ	Ⅲ
2021 年	Ⅱ	Ⅱ	Ⅱ	Ⅱ	Ⅲ	Ⅲ	Ⅲ	Ⅲ	Ⅱ	Ⅲ	Ⅱ	Ⅱ
2022 年	Ⅲ	Ⅱ	Ⅱ	Ⅱ	Ⅱ	Ⅱ	Ⅲ	Ⅲ	Ⅲ	Ⅱ	Ⅲ	Ⅱ

断面情况示意图

2020 年断面上游

2020 年断面下游

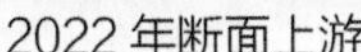
2022 年断面上游

2022 年断面下游

自动监测站

设备间

7.3 沙河

7.3.1 沙河入海口

所在水体 沙河
汇入水体 渤海
断面属性 入海口
断面类型 河流
断面时段 “十三五”，“十四五”
断面位置 辽宁省营口市鲅鱼圈区辽东湾大街营口经济技术开发区公安局望海边防派出所西南 300 m
经 纬 度 E 122.1711°，N 40.3344°
水质状况 近 3 年水质有所好转

断面桩

时间	1 月	2 月	3 月	4 月	5 月	6 月	7 月	8 月	9 月	10 月	11 月	12 月
2020 年	V	IV	II	IV	III	III	III	IV	III	III	III	III
2021 年			I	II	II	II	III	II	II	II	III	III
2022 年	II	II	II			II	II	III	III	II	II	II

断面情况示意图

2020 年断面上游

2020 年断面下游

2022 年断面上游

2022 年断面下游

7.4 熊岳河

7.4.1 杨家屯

所在水体 熊岳河
汇入水体 渤海
断面属性 入海口
断面类型 河流
断面时段 “十三五”，“十四五”
断面位置 辽宁省营口市鲅鱼圈区滨海路桥下游 450 m 橡胶坝处
经 纬 度 E 122.0510°，N 40.2010°
水质状况 近 3 年水质总体持平

断面桩

时间	1 月	2 月	3 月	4 月	5 月	6 月	7 月	8 月	9 月	10 月	11 月	12 月
2020 年	III	III	III	III	III	II	II	III	III	III	III	III
2021 年		III	II	II	III	III	III	II	II	III	III	II
2022 年	II	II	II			III	III	III	III	II	II	III

断面情况示意图

2020 年断面上游

2020 年断面下游

2022 年断面上游

2022 年断面下游

7.5 浮渡河

7.5.1 西北窑

所在水体 浮渡河
汇入水体 渤海
断面属性 入海口，市界（大连市 - 营口市）
断面类型 河流
断面时段 “十四五”
断面位置 辽宁省大连市瓦房店市丁家沟村东南侧 1 km 李华线旁
经 纬 度 E 121.9803°，N 40.0578°
水质状况 近 3 年水质总体持平

断面桩

时间	1月	2月	3月	4月	5月	6月	7月	8月	9月	10月	11月	12月
2020 年		III	III	III	II	II	II	II	III	II	I	I
2021 年	III	II	II	II	II	II	III	III	II	III	II	II
2022 年	III	III	III	II	II	II	II	II	II	II	II	III

断面情况示意图

2020 年断面上游

2020 年断面下游

2022 年断面上游

2022 年断面下游

自动监测站

设备间

7.6 复州河

7.6.1 西韭大桥

所在水体 复州河
汇入水体 渤海
断面属性 控制断面
断面类型 河流
断面时段 “十四五”
断面位置 辽宁省大连市普兰店区西韭村西韭大桥
经 纬 度 E 122.2429°，N 39.8389°
水质状况 近 3 年水质总体持平

断面桩

时间	1 月	2 月	3 月	4 月	5 月	6 月	7 月	8 月	9 月	10 月	11 月	12 月
2020 年	III	II	I	II	II	II	II	II	II	II	II	II
2021 年	III	II	II	II	II	I	III	II	II	III	II	II
2022 年	I	I	I	II	II	II	II	II	II	II	II	

污水处理厂基本信息

类型	名称	设计处理能力 /(t/d)	经纬度
乡镇污水处理厂	安波污水处理厂	10 000	E 122.2933° N 39.8506°

断面情况示意图

2020 年断面上游

2020 年断面下游

2022 年断面上游

2022 年断面下游

自动监测站

设备间

7.6.2 复州湾大桥

所在水体 复州河
汇入水体 渤海
断面属性 控制断面
断面类型 河流
断面时段 “十三五”，“十四五”
断面位置 辽宁省大连市瓦房店市天鑫加油站西北 670 m 处
经 纬 度 E 121.7383°，N 39.6940°
水质状况 近 3 年水质总体持平

断面桩

时间	1 月	2 月	3 月	4 月	5 月	6 月	7 月	8 月	9 月	10 月	11 月	12 月
2020 年	Ⅳ	Ⅲ	Ⅲ	Ⅳ	Ⅳ	Ⅲ	Ⅲ	Ⅲ	Ⅲ	Ⅲ	Ⅲ	Ⅱ
2021 年	Ⅱ	Ⅱ	Ⅱ	Ⅲ	Ⅱ	Ⅲ	Ⅲ	Ⅲ	Ⅱ	Ⅲ	Ⅱ	Ⅱ
2022 年	Ⅱ	Ⅱ	Ⅱ	Ⅴ	Ⅲ	Ⅲ	Ⅲ	Ⅲ	Ⅲ	Ⅱ	Ⅱ	Ⅱ

污水处理厂基本信息

类型	名称	设计处理能力 /(t/d)	经纬度
城市污水处理厂	龙山污水处理厂	100 000	E 122.0094° N 39.6827°
乡镇污水处理厂	太阳污水处理厂	5 000	E 121.8609° N 39.7456°
	老虎屯镇污水处理厂	5 000	E 121.7930° N 39.6912°

断面情况示意图

2020 年断面上游

2020 年断面下游

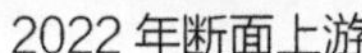
2022 年断面上游

2022 年断面下游

自动监测站

设备间

7.6.3 三台子

所在水体 复州河
汇入水体 渤海
断面属性 入海口
断面类型 河流
断面时段 “十三五”，“十四五”
断面位置 辽宁省大连市瓦房店市杨三线河东村西 443 m 处
经 纬 度 E 121.5999°，N 39.6181°
水质状况 近 3 年水质总体持平

断面桩

时间	1月	2月	3月	4月	5月	6月	7月	8月	9月	10月	11月	12月
2020 年	Ⅳ	Ⅳ	Ⅳ	Ⅴ	Ⅲ	Ⅲ	Ⅲ	Ⅲ	Ⅲ	Ⅲ	Ⅱ	Ⅲ
2021 年	Ⅱ	Ⅲ	Ⅲ	Ⅲ	Ⅱ	Ⅲ	Ⅱ	Ⅱ	Ⅱ	Ⅲ	Ⅱ	Ⅱ
2022 年	Ⅲ	Ⅱ	Ⅱ	Ⅲ	Ⅲ	Ⅱ	Ⅲ	Ⅲ	Ⅲ	Ⅲ	Ⅱ	Ⅲ

污水处理厂基本信息

类型	名称	设计处理能力 /(t/d)	经纬度
乡镇污水处理厂	复州城镇污水处理厂	10 000	E 121.7314° N 39.7142°

断面情况示意图

2020 年断面上游

2020 年断面下游

2022 年断面上游

2022 年断面下游

自动监测站

设备间

7.7 狗河

7.7.1 小万屯

所在水体 狗河
汇入水体 渤海
断面属性 入海口
断面类型 河流
断面时段 “十四五”
断面位置 辽宁省葫芦岛市绥中县榆林村漫水桥
经 纬 度 E 120.2385°，N 40.1788°
水质状况 近 3 年水质有所下降

断面桩

时间	1 月	2 月	3 月	4 月	5 月	6 月	7 月	8 月	9 月	10 月	11 月	12 月
2020 年		I	I	III	II	劣V	II	IV	I	II	II	III
2021 年	I	I	I	II	II	II	II	III	II	II	I	I
2022 年	II	II	II		II	II	II	II	I	III	I	I

断面情况示意图

2020 年断面上游

2020 年断面下游

2022 年断面上游

2022 年断面下游

7.8 连山河

7.8.1 沈山铁路桥下

所在水体 连山河
汇入水体 渤海
断面属性 入海口
断面类型 河流
断面时段 “十三五”，“十四五”
断面位置 辽宁省葫芦岛市连山区锦郊街道东村沈山铁路桥下
经 纬 度 E 120.8791°，N 40. 7651°
水质状况 近 3 年水质有所好转

断面桩

时间	1 月	2 月	3 月	4 月	5 月	6 月	7 月	8 月	9 月	10 月	11 月	12 月
2020 年	II	II	II	II	III	IV	IV		III	IV	III	II
2021 年	II	II	II	III	II	IV	V	III	III	IV	II	III
2022 年	III		III		III	II	III	II	II	III	III	III

断面情况示意图

2020 年断面上游

2020 年断面下游

2022 年断面上游

2022 年断面下游

7.9 六股河

7.9.1 孤家子

所在水体 六股河
汇入水体 渤海
断面属性 控制断面
断面类型 河流
断面时段 “十三五”，“十四五”
断面位置 辽宁省葫芦岛市绥中县前龙村西南 962 m 处
经 纬 度 E 120.3512°，N 40.3324°
水质状况 近 3 年水质总体持平

断面桩

时间	1月	2月	3月	4月	5月	6月	7月	8月	9月	10月	11月	12月
2020 年	I	I	I	II	I	II	II	III	III	III	I	I
2021 年	I	I	I	II	II	II	II	II	II	III	III	III
2022 年	III	I		II	II	II	II	II	II	II	II	I

断面情况示意图

2020 年断面上游

2020 年断面下游

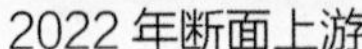

2022 年断面上游

2022 年断面下游

自动监测站

设备间

7.9.2 小渔场

所在水体 六股河
汇入水体 渤海
断面属性 入海口
断面类型 河流
断面时段 “十三五”，“十四五”
断面位置 辽宁省葫芦岛市绥中县众诚鸽业养殖有限公司东北门东北 722 m 处
经 纬 度 E 120.4599°，N 40.2783°
水质状况 近 3 年水质有所好转

断面桩

时间	1 月	2 月	3 月	4 月	5 月	6 月	7 月	8 月	9 月	10 月	11 月	12 月
2020 年	III	III	III	III	III	III	III	II	II	II	I	III
2021 年	I	I	I	I	I	II	II	II	III	III	II	II
2022 年	I	I		II	II	II	II	II	II	II	I	I

断面情况示意图

2020 年断面上游

2020 年断面下游

自动监测站

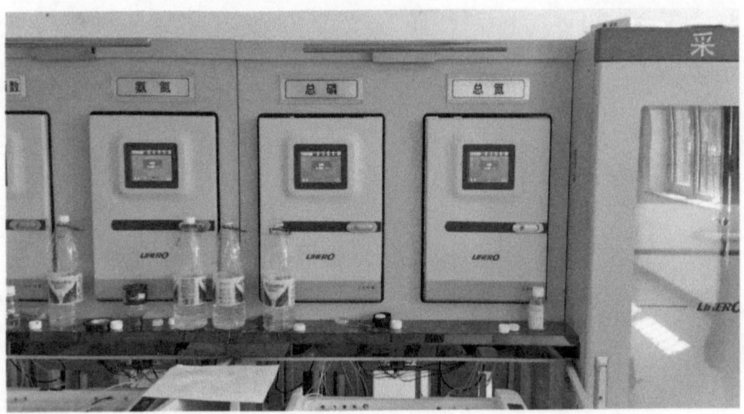

设备间

7.10 五里河

7.10.1 茨山桥南

所在水体 五里河

汇入水体 渤海

断面属性 入海口

断面类型 河流

断面时段 “十三五”，“十四五”

断面位置 辽宁省葫芦岛市龙港区锦葫路 94 号鑫汽修东南 254 m 处

经 纬 度 E 120.8955°，N 40.7282°

水质状况 近 3 年水质有所下降

断面桩

时间	1 月	2 月	3 月	4 月	5 月	6 月	7 月	8 月	9 月	10 月	11 月	12 月
2020 年												
2021 年				Ⅳ	Ⅲ	Ⅲ	Ⅴ	Ⅲ	Ⅳ	Ⅳ	Ⅲ	Ⅲ
2022 年	Ⅳ		Ⅳ		Ⅴ	Ⅳ	Ⅴ	Ⅱ	Ⅴ	Ⅴ	Ⅳ	Ⅳ

断面情况示意图

2020 年断面上游

2020 年断面下游

2022 年断面上游

2022 年断面下游

7.11 兴城河

7.11.1 红石碑入海前

所在水体 兴城河
汇入水体 渤海
断面属性 入海口
断面类型 河流
断面时段 “十三五”，“十四五”
断面位置 辽宁省葫芦岛市兴城市临河大街兴城市城区景观河管理处西南 75 m
经 纬 度 E 120.7533°，N 40.5956°
水质状况 近 3 年水质总体持平

断面桩

时间	1月	2月	3月	4月	5月	6月	7月	8月	9月	10月	11月	12月
2020 年	II	I	II	II	III	IV	IV	IV	III	III	IV	I
2021 年	I	II	III	III	III	V	III	III	III	III	II	II
2022 年	III	II	IV	III	III	III	III	III	II	III	III	III

污水处理厂基本信息

类型	名称	设计处理能力 /(t/d)	经纬度
城市污水处理厂	葫芦岛杨家杖子经济开发区污水处理厂	10 000	E 120.5511° N 40.7908°

断面情况示意图

2020 年断面上游

2020 年断面下游

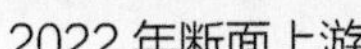

2022 年断面上游

2022 年断面下游

自动监测站

设备间

7.12 碧流河

7.12.1 茧场

所在水体 碧流河
汇入水体 黄海
断面属性 市界（营口市 - 大连市）
断面类型 河流
断面时段 “十三五”，“十四五”
断面位置 辽宁省大连市庄河市高山前村西 714 m 处
经 纬 度 E 122.5419°，N 40.0263°
水质状况 近 3 年水质有所下降

断面桩

时间	1月	2月	3月	4月	5月	6月	7月	8月	9月	10月	11月	12月
2020 年	I	II	I	I	II	II	II	II	II	I	I	I
2021 年	IV	I	I	I	I	II	II	II	II	II	I	I
2022 年	I	I	I	III	III	II	III	II	II	II	I	II

污水处理厂基本信息

类型	名称	设计处理能力 /(t/d)	经纬度
乡镇污水处理厂	万福镇污水处理厂	1 500	E 122.5317° N 40.1357°

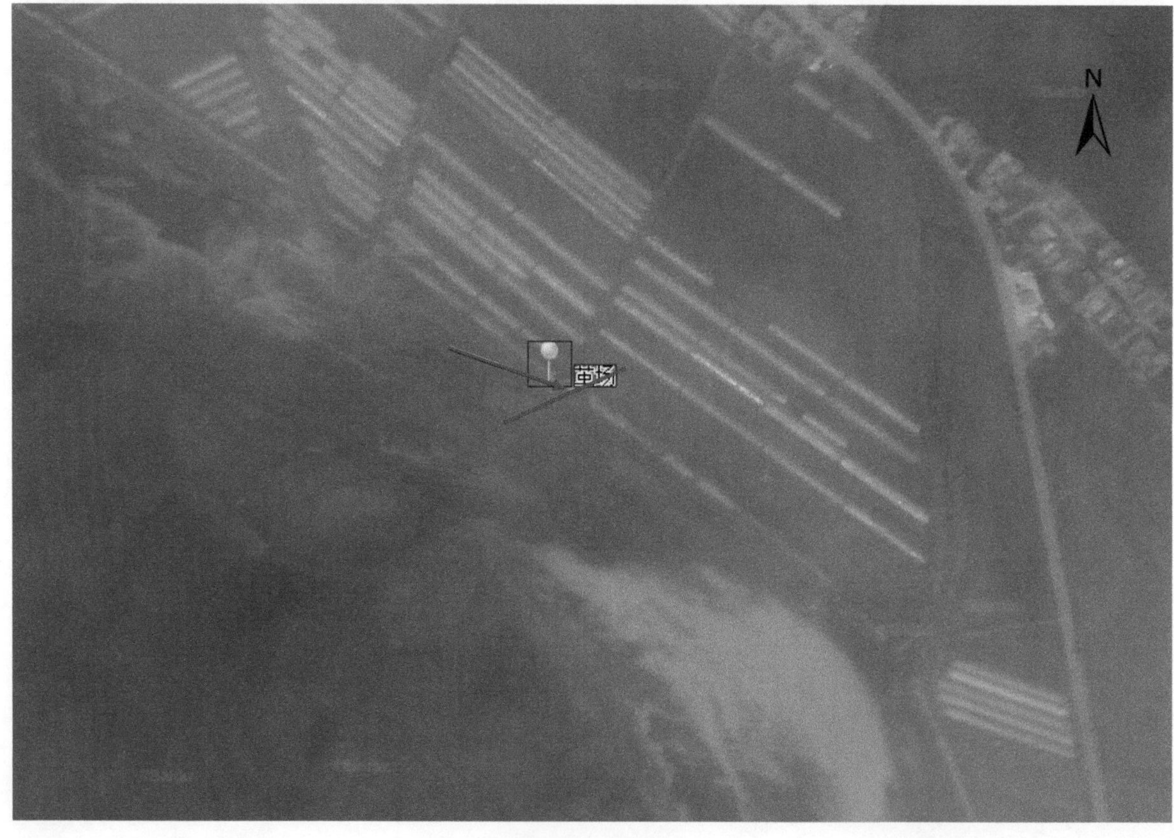

断面情况示意图

2020 年断面上游

2020 年断面下游

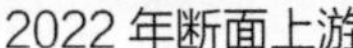

2022 年断面上游

2022 年断面下游

自动监测站

设备间

7.12.2 城子坦

所在水体 碧流河
汇入水体 黄海
断面属性 入海口
断面类型 河流
断面时段 “十三五”，“十四五”
断面位置 辽宁省大连市普兰店区碧流河大桥宋屯东南 603 m 处
经 纬 度 E 122.5452°，N 39.5687°
水质状况 近 3 年水质总体持平

断面桩

时间	1 月	2 月	3 月	4 月	5 月	6 月	7 月	8 月	9 月	10 月	11 月	12 月
2020 年	II	II	I	II	II	II	II	II	III	I	II	I
2021 年	I	I	I	II	II	II	II	II	II	II	I	I
2022 年	I	I	II	II	II	II	II	II	II	II	I	II

断面情况示意图

2020 年断面上游

2020 年断面下游

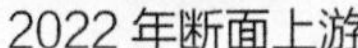

2022 年断面上游

2022 年断面下游

自动监测站

设备间

7.12.3 碧流河入口

所在水体 碧流河
汇入水体 黄海
断面属性 控制断面
断面类型 河流
断面时段 “十四五”
断面位置 辽宁省大连市庄河市杨家沟西北 216 m 处
经 纬 度 E 122.5275°，N 39.9059°
水质状况 近 3 年水质总体持平

断面桩

时间	1月	2月	3月	4月	5月	6月	7月	8月	9月	10月	11月	12月
2020年					II	劣V	III	II		II	II	
2021年				II	II	II	II	II	II	II		
2022年					II	II	III	III	III	II	II	

断面情况示意图

2020 年断面上游

2020 年断面下游

2022 年断面上游

2022 年断面下游

7.13 大沙河

7.13.1 麦家

所在水体 大沙河
汇入水体 黄海
断面属性 入海口
断面类型 河流
断面时段 “十三五”，“十四五”
断面位置 辽宁省大连市普兰店区大沙河大桥葛家沟水站旁
经 纬 度 E 122.1798°，N 39.3499°
水质状况 近 3 年水质有所好转

断面桩

时间	1 月	2 月	3 月	4 月	5 月	6 月	7 月	8 月	9 月	10 月	11 月	12 月
2020 年	Ⅳ	Ⅲ	Ⅱ	Ⅱ	Ⅲ	Ⅲ	Ⅲ	Ⅳ	Ⅲ	Ⅲ	Ⅱ	Ⅱ
2021 年	Ⅱ	Ⅲ	Ⅲ	Ⅱ	Ⅲ	Ⅲ	Ⅲ	Ⅲ	Ⅲ	Ⅲ	Ⅲ	Ⅱ
2022 年	Ⅱ	Ⅱ	Ⅱ	Ⅲ	Ⅱ	Ⅲ	Ⅳ	Ⅳ	Ⅲ	Ⅲ	Ⅱ	Ⅲ

断面情况示意图

2020 年断面上游

2020 年断面下游

2022 年断面上游

2022 年断面下游

自动监测站

设备间

7.13.2 沙河村

所在水体 大沙河
汇入水体 黄海
断面属性 控制断面
断面类型 河流
断面时段 “十四五”
断面位置 辽宁省大连市普兰店区沙河村
经 纬 度 E 122.2435°，N 39.7280°
水质状况 近 3 年水质总体持平

断面桩

时间	1月	2月	3月	4月	5月	6月	7月	8月	9月	10月	11月	12月
2020年		I	I	II	I	I	II	II	II	III	I	I
2021年	I	I	I	I	II	II	II	II	II	II	II	I
2022年	II	II	II	I	I	I	II	II	II	II	II	

断面情况示意图

2020 年断面上游

2020 年断面下游

2022 年断面上游

2022 年断面下游

7.14 湖里河

7.14.1 湖里河大桥

所在水体 湖里河
汇入水体 黄海
断面属性 入海口
断面类型 河流
断面时段 “十四五”
断面位置 辽宁省大连市庄河市湖里河大桥下
经 纬 度 E 123.2676°，N 39.8485°
水质状况 近 3 年水质总体持平

断面桩

时间	1月	2月	3月	4月	5月	6月	7月	8月	9月	10月	11月	12月
2020年		II	II	III	IV	II	II	II	III	III	II	III
2021年	I	I	I	II	II	II	II	II	II	III	II	II
2022年	II	II	II	III	III	III	II	II	II	II	I	I

断面情况示意图

2020 年断面上游

2020 年断面下游

2022 年断面上游

2022 年断面下游

7.15 登沙河

7.15.1 登化

所在水体 登沙河
汇入水体 黄海
断面属性 入海口
断面类型 河流
断面时段 “十三五”，“十四五”
断面位置 辽宁省大连市金州区百姓庄园南 340 m 处
经 纬 度 E 122.0363°，N 39.2174°
水质状况 近 3 年水质有所下降

断面桩

时间	1 月	2 月	3 月	4 月	5 月	6 月	7 月	8 月	9 月	10 月	11 月	12 月
2020 年	III	III	III	IV	V	III	IV	V	IV	IV	IV	III
2021 年	IV	IV	III	IV	IV	IV	IV	IV	IV	IV	III	II
2022 年	II	III	III	V	IV	IV	IV	IV	IV	III	IV	III

污水处理厂基本信息

类型	名称	设计处理能力 /(t/d)	经纬度
乡镇污水处理厂	太平污水处理厂	5 000	E 121.9777° N 39.3297°
	华家街道污水处理厂	200	E 122.0118° N 39.2742°

断面情况示意图

2020 年断面上游

2020 年断面下游

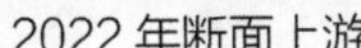

2022 年断面上游

2022 年断面下游

自动监测站

设备间

7.16 英那河

7.16.1 万泰

所在水体 英那河
汇入水体 黄海
断面属性 市界（鞍山市 - 大连市）
断面类型 河流
断面时段 “十三五”，“十四五”
断面位置 辽宁省大连市庄河市张庄公路小甸子南 599 m 处
经 纬 度 E 123.0643°，N 39.9592°
水质状况 近 3 年水质有所好转

断面桩

时间	1 月	2 月	3 月	4 月	5 月	6 月	7 月	8 月	9 月	10 月	11 月	12 月
2020 年	I	I	II	II	II	II	II	II	II	I	II	I
2021 年	II	I	II	I	II	II	II	II	II	II	II	II
2022 年	I	I	I	II	I	I	III	II	II	I	I	I

污水处理厂基本信息

类型	名称	设计处理能力 /(t/d)	经纬度
乡镇污水处理厂	岫岩满族自治县新甸镇污水处理厂	3000	E 123.0811° N 40.0764°

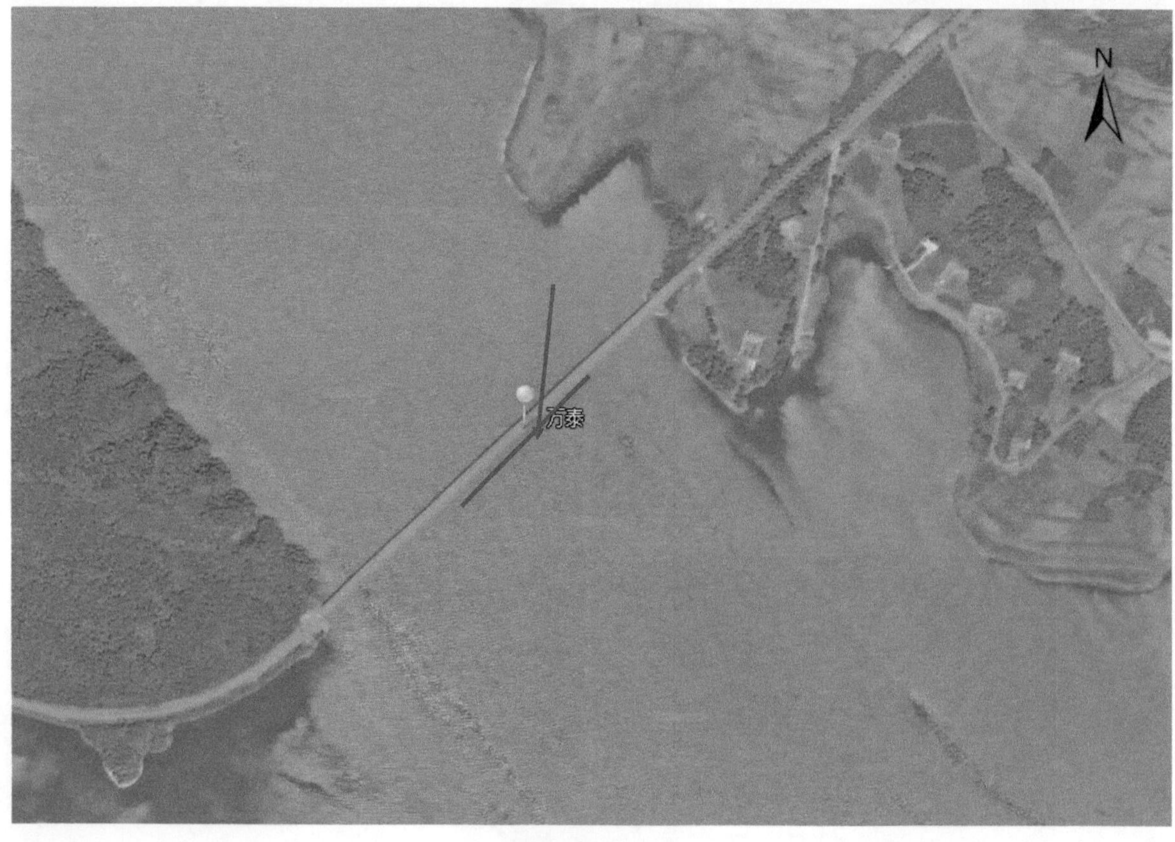

断面情况示意图

2020 年断面上游

2020 年断面下游

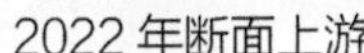

2022 年断面上游

2022 年断面下游

自动监测站

设备间

7.16.2 英那河入海口

所在水体 英那河
汇入水体 黄海
断面属性 入海口
断面类型 河流
断面时段 “十三五”，“十四五”
断面位置 辽宁省大连市庄河市庙东沟村东南 551 m 处
经 纬 度 E 123.1793°，N 39.7716°
水质状况 近 3 年水质总体持平

断面桩

时间	1 月	2 月	3 月	4 月	5 月	6 月	7 月	8 月	9 月	10 月	11 月	12 月
2020 年	II	II	II	劣 V	III	II	II	II	II	II	II	
2021 年	II	II	II	II	II	III	II	II	II	II	II	I
2022 年	I	I	II	III	II	II	II	II	II	II	II	II

污水处理厂基本信息

类型	名称	设计处理能力 /(t/d)	经纬度
乡镇污水处理厂	大营镇污水处理厂	600	E 123.0739° N 39.8581°

断面情况示意图

2020 年断面上游

2020 年断面下游

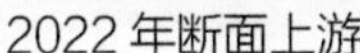

2022 年断面上游

2022 年断面下游

自动监测站

设备间

7.17 庄河

7.17.1 小于屯

所在水体 庄河
汇入水体 黄海
断面属性 入海口
断面类型 河流
断面时段 “十三五”，“十四五”
断面位置 辽宁省大连市庄河市新华路卧龙泉东 700 m 处
经 纬 度 E 122.9903°，N 39.6751°
水质状况 近 3 年水质有所好转

断面桩

时间	1月	2月	3月	4月	5月	6月	7月	8月	9月	10月	11月	12月
2020年	III	III	IV	II	IV	III	II	II	II	II	II	II
2021年							II	II	III	II		
2022年	II	II	II	II	II	II	II	II	II	III	II	II

断面情况示意图

2020 年断面上游

2020 年断面下游

2022 年断面上游

2022 年断面下游

7.18 大洋河

7.18.1 大洋河桥

所在水体 大洋河
汇入水体 黄海
断面属性 入海口
断面类型 河流
断面时段 “十三五”，“十四五”
断面位置 辽宁省丹东市东港市黄土坎镇中心小学西 283 m 处
经 纬 度 E 123.6466°，N 39.9168°
水质状况 近 3 年水质有所好转

断面桩

时间	1 月	2 月	3 月	4 月	5 月	6 月	7 月	8 月	9 月	10 月	11 月	12 月
2020 年	II	II	劣 V	劣 V	II	II	III	III	II	II	III	II
2021 年			III	IV	III	II	II	II	II	III	I	II
2022 年					III	III	III	II	II	II	II	II

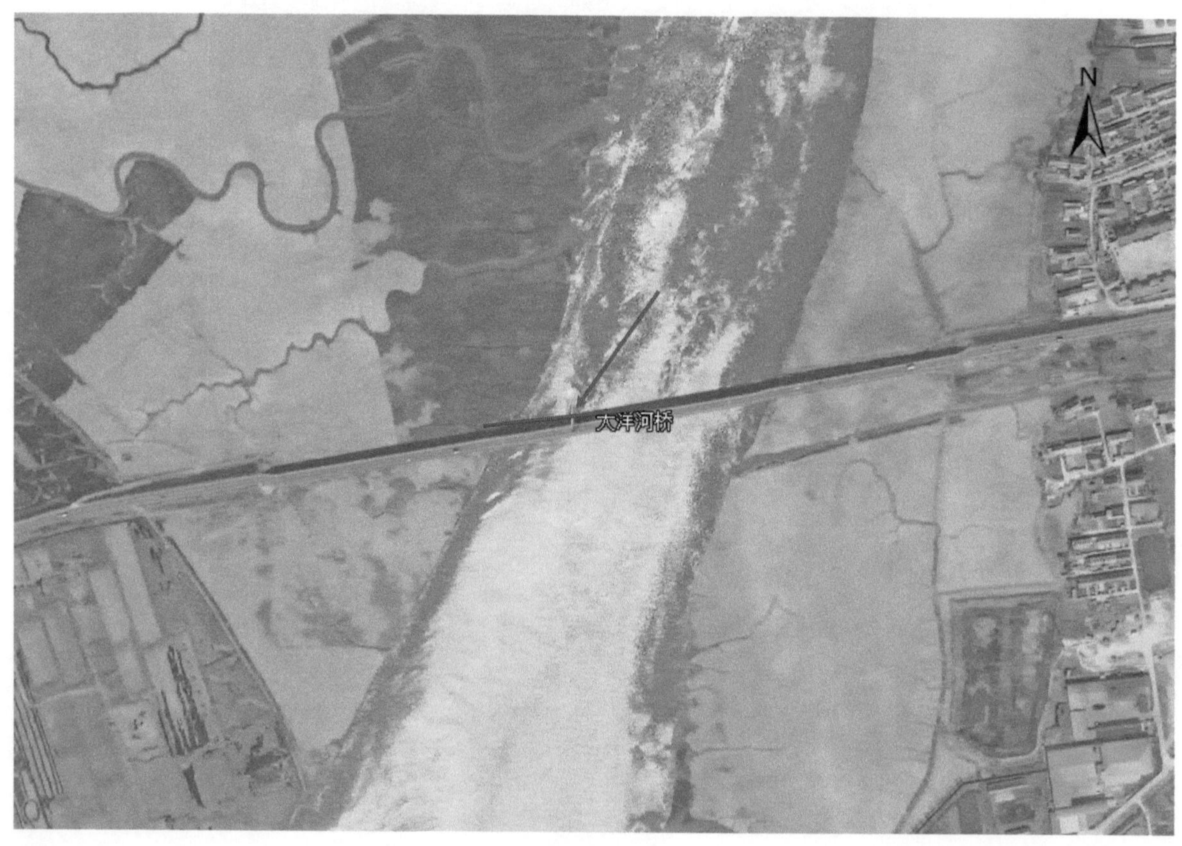

断面情况示意图

2020 年断面上游

2020 年断面下游

2022 年断面上游

2022 年断面下游

7.18.2 口子街

所在水体 大洋河
汇入水体 黄海
断面属性 控制断面
断面类型 河流
断面时段 “十三五”，“十四五”
断面位置 辽宁省鞍山市岫岩满族自治县口子街大桥口字街西 467 m 处
经 纬 度 E 123.3168°，N 40.2337°
水质状况 近 3 年水质总体持平

断面桩

时间	1 月	2 月	3 月	4 月	5 月	6 月	7 月	8 月	9 月	10 月	11 月	12 月
2020 年	II		II	II	II	II	II	II	I	I	I	II
2021 年	II	II	II	II	III	II	II	II	II	II	II	II
2022 年	II	III	II		III	II	II	II	II	I	II	I

污水处理厂基本信息

类型	名称	设计处理能力 /(t/d)	经纬度
城市污水处理厂	岫岩满族自治县污水处理厂	40 000	E 123.3008° N 40.2321°

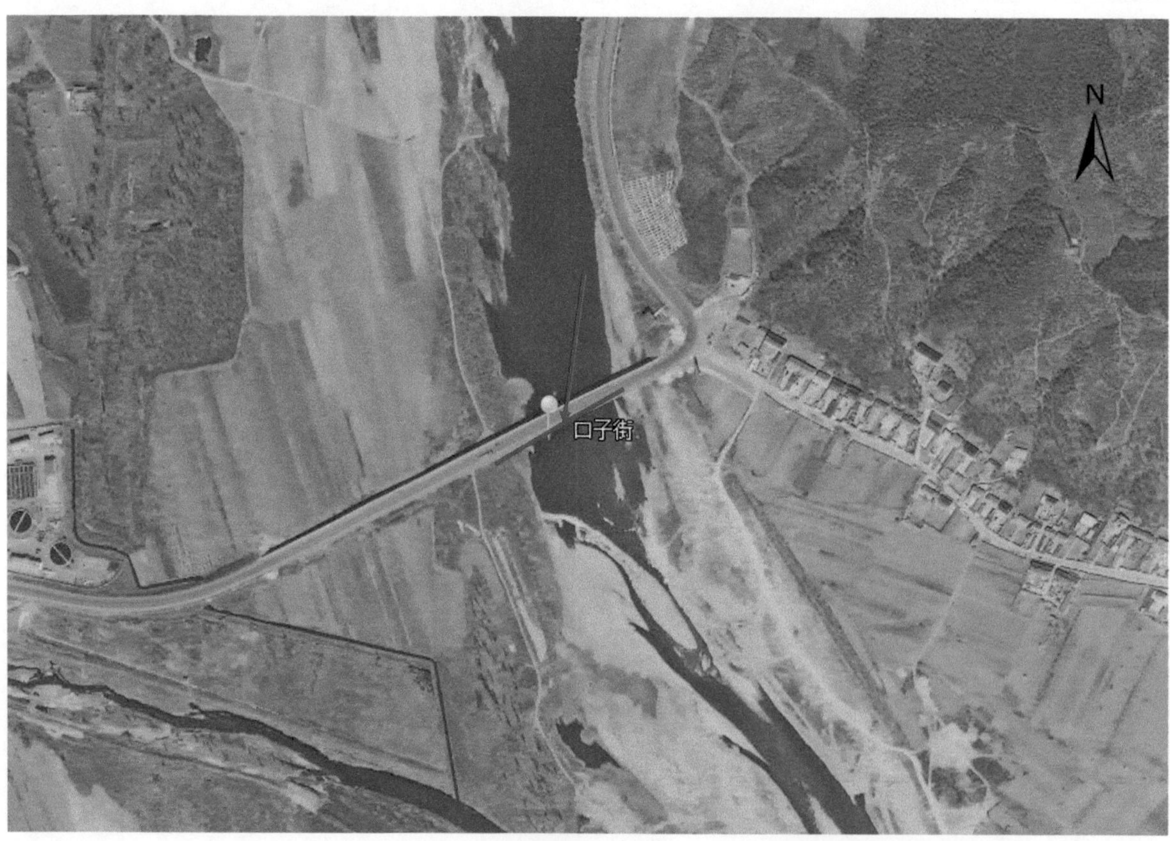

断面情况示意图

2020 年断面上游

2020 年断面下游

2022 年断面上游

2022 年断面下游

自动监测站

设备间

7.18.3 关门山大桥

所在水体 哨子河
汇入水体 大洋河
断面属性 控制断面
断面类型 河流
断面时段 "十三五"，"十四五"
断面位置 辽宁省鞍山市岫岩满族自治县关门山桥赵家堡子南628 m处
经 纬 度 E 123.4855°，N 40.4805°
水质状况 近3年水质总体持平

断面桩

时间	1月	2月	3月	4月	5月	6月	7月	8月	9月	10月	11月	12月
2020年	I		I	I	III	III	III	II	I	I	I	I
2021年	IV	III	I	I	I	II	II	II	II	II	I	I
2022年	I	I	III	I	II	II	II	II	II	II	III	I

断面情况示意图

2020 年断面上游

2020 年断面下游

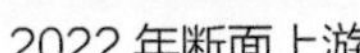

2022 年断面上游

2022 年断面下游

自动监测站

设备间

第八章 · 湖库

辽宁省共有 9 个湖库纳入国考监测范围，分别是清河水库、大伙房水库、观音阁水库、汤河水库、宫山咀水库、乌金塘水库、水丰水库、桓仁水库及碧流河水库。

8.1 清河水库

8.1.1 清河水库坝下

所在水体 清河水库

汇入水体 —

断面属性 控制断面

断面类型 湖库

断面时段 “十四五”

断面位置 辽宁省铁岭市清河水库，码头开船向北 500 m 处

经 纬 度 E 124.1850°，N 42.5378°

水质状况 近 3 年水质总体持平

断面桩

时间	1 月	2 月	3 月	4 月	5 月	6 月	7 月	8 月	9 月	10 月	11 月	12 月
2020 年				III	II	III	II	II	III	III	III	
2021 年	III	III	III	III	II	II	II	II	III	II	II	II
2022 年	II	II	II		II	II	III			III		

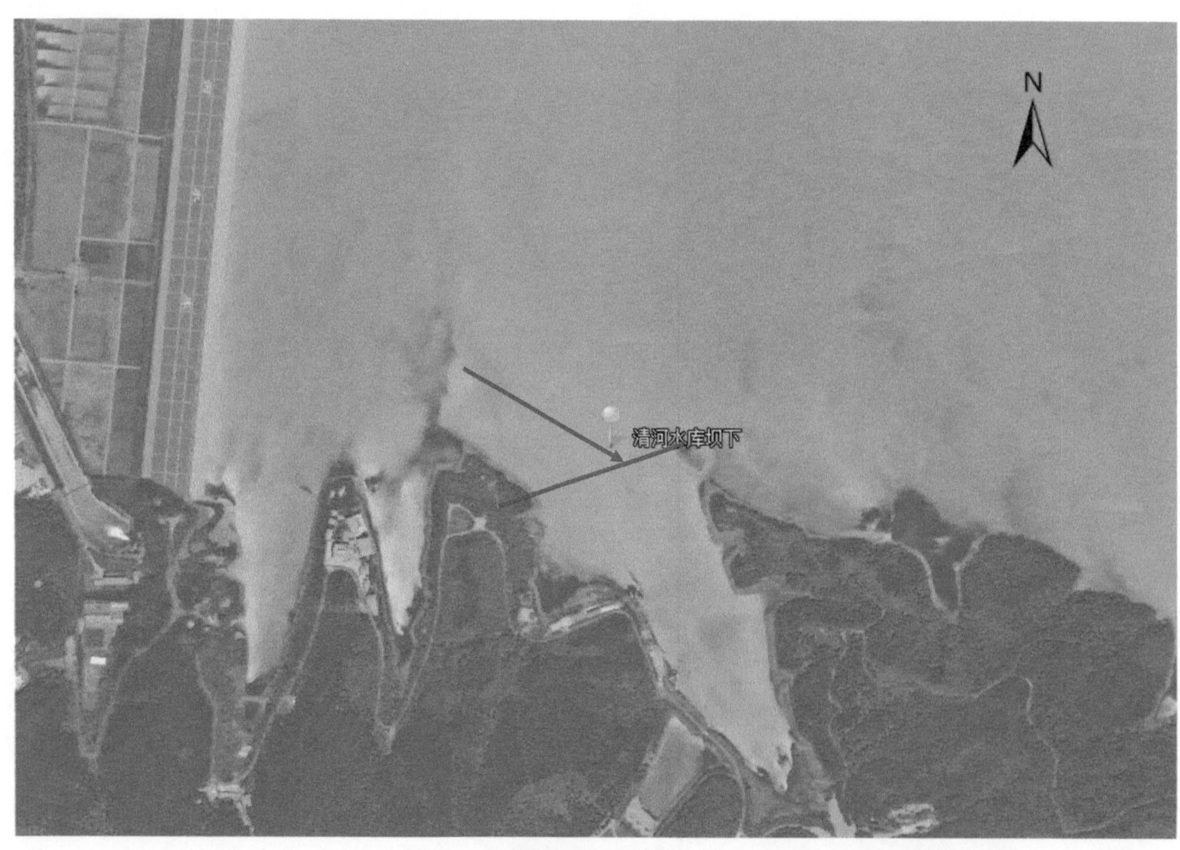

断面情况示意图

2020 年断面上游

2020 年断面下游

2022 年断面上游

2022 年断面下游

8.2 大伙房水库

8.2.1 浑7左

所在水体 大伙房水库
汇入水体 —
断面属性 控制断面
断面类型 湖库
断面时段 “十一五”，“十二五”，“十三五”，“十四五”
断面位置 辽宁省抚顺市抚顺县罗台山庄北 2.5 km 处
经 纬 度 E 124.1132°，N 41.8737°
水质状况 近 3 年水质总体持平

断面桩

时间	1月	2月	3月	4月	5月	6月	7月	8月	9月	10月	11月	12月
2020年	II	II	II	II	III	II	II	II	II	III	III	III
2021年					III	II	II	II	II	III		
2022年					II	II	III			II	II	

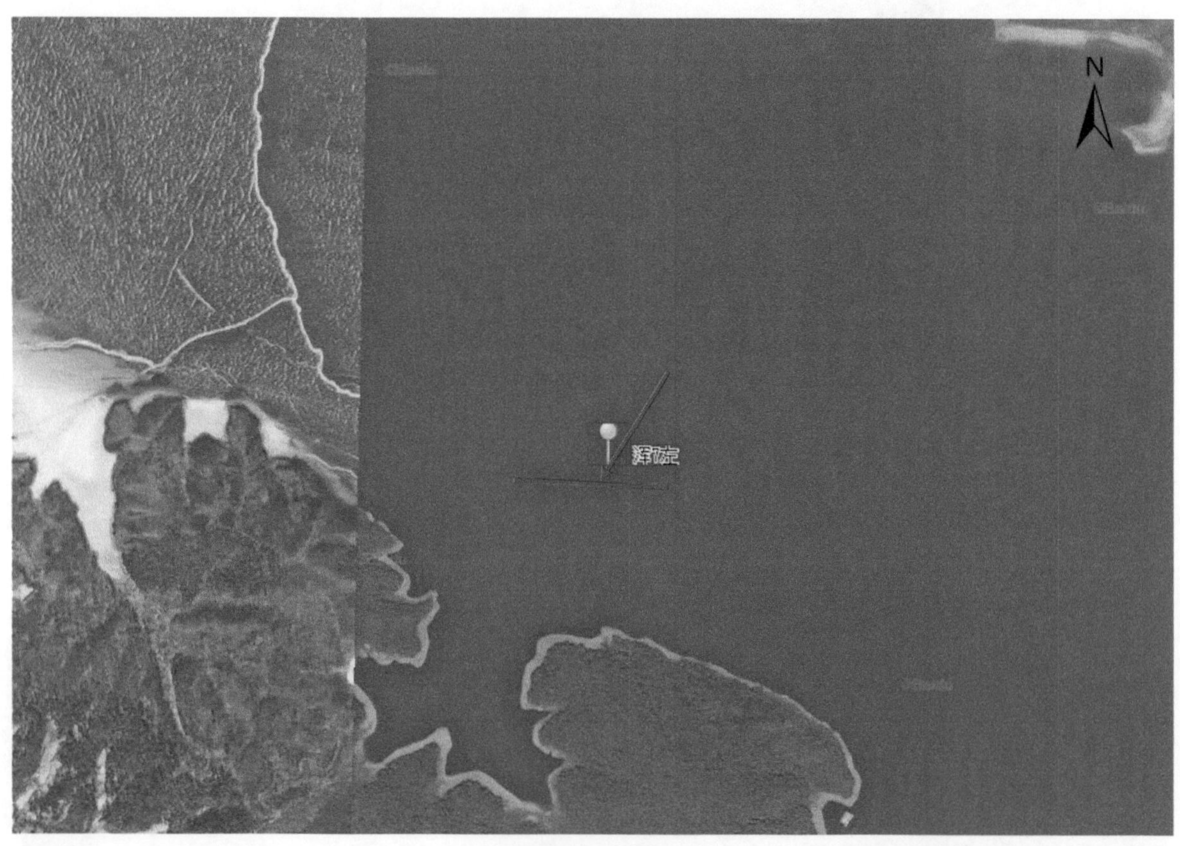

断面情况示意图

2020 年断面上游

2020 年断面下游

8.2.2 浑7右

所在水体 大伙房水库

汇入水体 —

断面属性 控制断面

断面类型 湖库

断面时段 “十一五”，“十二五”，“十三五”，“十四五”

断面位置 辽宁省抚顺市抚顺县罗台山庄东北 1.3 km 处

经 纬 度 E 124.1212°，N 41.8851°

水质状况 近 3 年水质总体持平

时间	1 月	2 月	3 月	4 月	5 月	6 月	7 月	8 月	9 月	10 月	11 月	12 月
2020 年	II	II	II	II	II	II	II	II	II	III	III	III
2021 年				II	II	II	II	II	II	II		
2022 年					II	II	II	II	II	II	II	

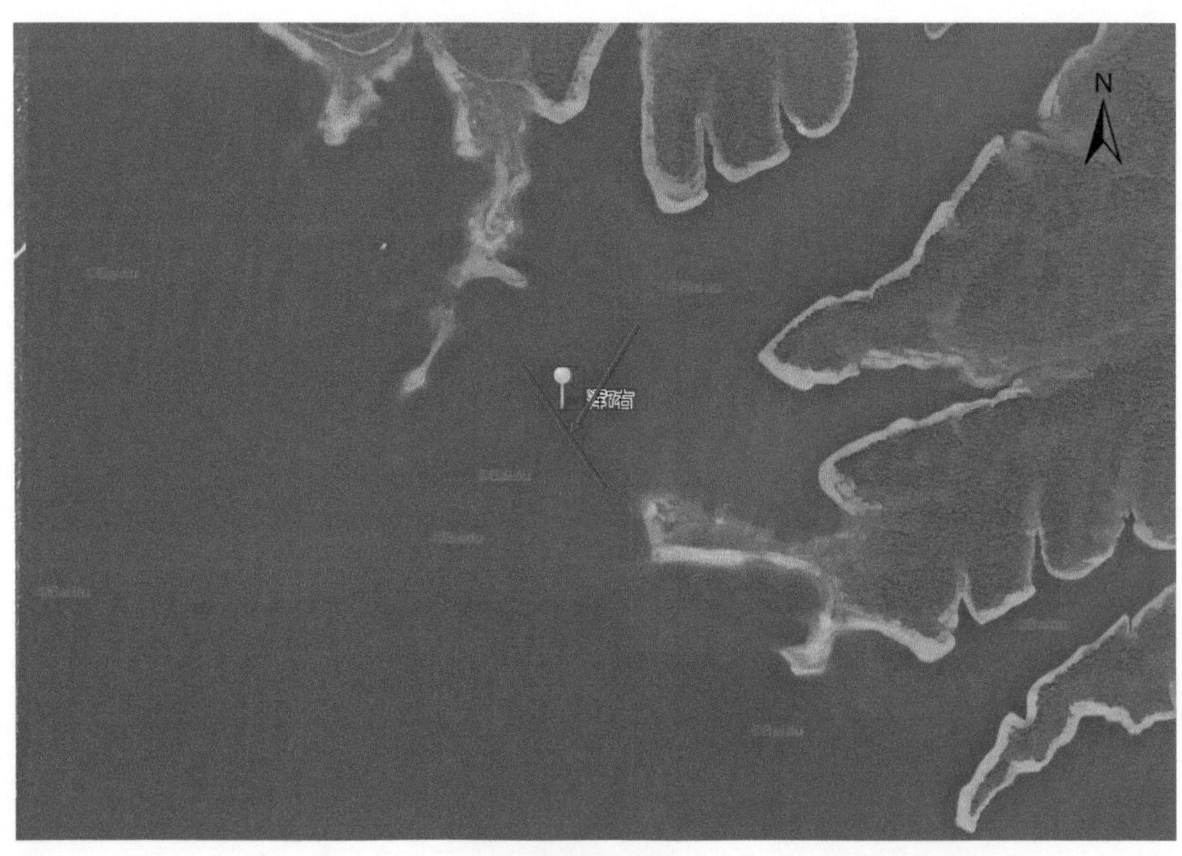

断面情况示意图

2020 年断面上游

2020 年断面下游

8.2.3 浑37左

所在水体 大伙房水库
汇入水体 —
断面属性 控制断面
断面类型 湖库
断面时段 “十一五”，“十二五”，“十三五”，“十四五”
断面位置 辽宁省抚顺市抚顺县罗台山庄东北 7.5 km 处
经 纬 度 E 124.1907°，N 41.8807°
水质状况 近 3 年水质总体持平

时间	1月	2月	3月	4月	5月	6月	7月	8月	9月	10月	11月	12月
2020年	II	II	II	II	II	II	III	III	IV	III	II	II
2021年				II	III	II	II	II	II	II		
2022年					II	II	III			II	II	

断面情况示意图

2020 年断面上游

2020 年断面下游

8.3 观音阁水库

8.3.1 赛梨寨

所在水体 观音阁水库
汇入水体 —
断面属性 控制断面
断面类型 湖库
断面时段 “十四五”
断面位置 辽宁省本溪市观音阁水库风景区内
经 纬 度 E 124.1628°，N 41.3167°
水质状况 近 3 年水质有所好转

断面桩

时间	1月	2月	3月	4月	5月	6月	7月	8月	9月	10月	11月	12月
2020年					III	II	II	I	II	IV	III	II
2021年				II	II	II	I	II	II	II	I	
2022年					I	I	III			II	II	

断面情况示意图

2020 年断面上游

2020 年断面下游

8.4 汤河水库

8.4.1 汤河水库坝前中

所在水体 汤河水库
汇入水体 —
断面属性 控制断面
断面类型 湖库
断面时段 “十四五”
断面位置 辽宁省辽阳市汤河水库
经 纬 度 E 123.3639°，N 41.1000°
水质状况 近 3 年水质总体持平

断面桩

时间	1月	2月	3月	4月	5月	6月	7月	8月	9月	10月	11月	12月
2020年					II	II	IV	IV	III	II	III	II
2021年				II	III	II	II	II	II	II	II	II
2022年					I	I	II	II	II	II	II	I

断面情况示意图

2020 年断面上游

2020 年断面下游

2022 年断面上游

2022 年断面下游

自动监测站

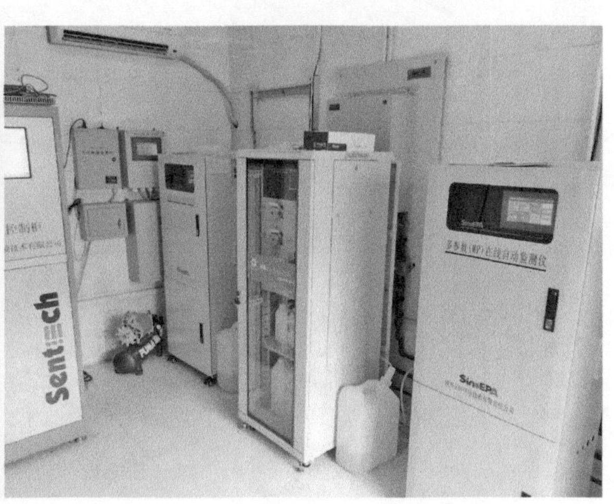

设备间

8.5 宫山咀水库

8.5.1 宫山嘴水库主坝前

所在水体 宫山咀水库
汇入水体 —
断面属性 控制断面
断面类型 湖库
断面时段 “十四五”
断面位置 辽宁省葫芦岛市建昌县宫山咀水库内
经 纬 度 E 119.7634°，N 40.7454°
水质状况 近 3 年水质总体持平

断面桩

时间	1月	2月	3月	4月	5月	6月	7月	8月	9月	10月	11月	12月
2020年	II	II	III	III	II	III	II	III	III	III	IV	II
2021年	III		II	II	V	III	IV	III	III	IV	II	III
2022年	II	II			II	III	II	III	III			II

断面情况示意图

2020 年断面上游

2020 年断面下游

2022 年断面上游

2022 年断面下游

8.6 乌金塘水库

8.6.1 乌金塘水库坝里

所在水体 乌金塘水库
汇入水体 —
断面属性 控制断面
断面类型 湖库
断面时段 “十四五”
断面位置 辽宁省葫芦岛市南票区黄土坎乡
经 纬 度 E 120.7302°，N 41.0410°
水质状况 近 3 年水质总体持平

断面桩

时间	1月	2月	3月	4月	5月	6月	7月	8月	9月	10月	11月	12月
2020年		III	III	III	III	II	IV	IV	III	III	IV	II
2021年	III	III	II	III	III	II	III	III	III	III	III	II
2022年	III	III	III		II	II	III	III	III	III	III	

断面情况示意图

2020 年断面上游

2020 年断面下游

2022 年断面上游

2022 年断面下游

8.7 水丰水库

8.7.1 水丰湖入湖口

所在水体 水丰水库
汇入水体 —
截面属性： 控制断面
断面类型 湖库
断面时段 “十四五”
断面位置 辽宁省丹东市宽甸满族自治县鸭绿江啤酒经销点附近
经 纬 度 E 125.6666°，N 40.8295°
水质状况 近 3 年水质总体持平

断面桩

时间	1 月	2 月	3 月	4 月	5 月	6 月	7 月	8 月	9 月	10 月	11 月	12 月
2020 年					II	I	II	I	II	II	II	II
2021 年	II	II	II	II	II	II	II	II	II	II	II	I
2022 年					II	II	II	II	II	II	II	

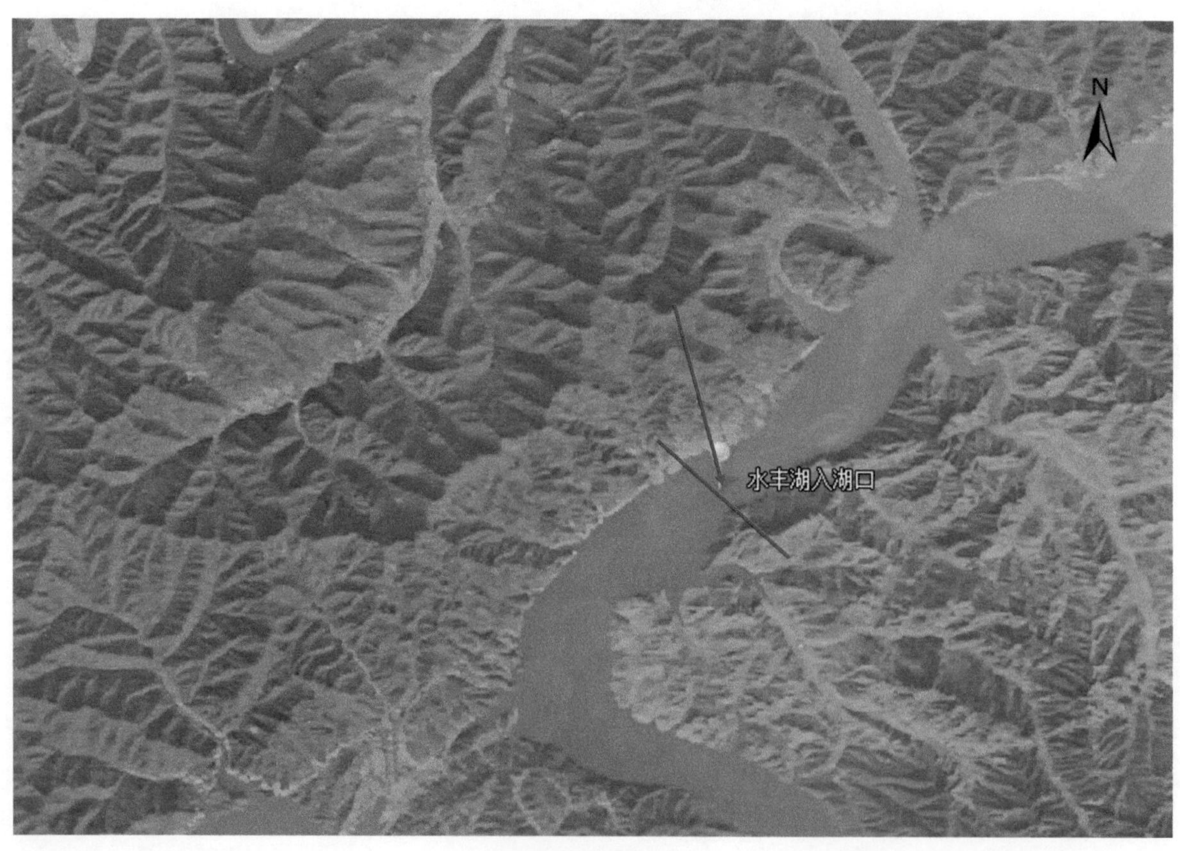

断面情况示意图

2020 年断面上游

2020 年断面下游

2022 年断面上游

2022 年断面下游

8.7.2 水丰湖水库

所在水体 水丰水库

汇入水体 —

截面属性： 控制断面

断面类型 湖库

断面时段 “十三五”，“十四五”

断面位置 辽宁省丹东市宽甸满族自治县大西岔镇小荒沟村

经 纬 度 E 125.2633°，N 40.6460°

水质状况 近 3 年水质总体持平

断面桩

时间	1月	2月	3月	4月	5月	6月	7月	8月	9月	10月	11月	12月
2020年	I	I	I	I	II	II	III	II	II	II	II	II
2021年				II	II	II	II	II	I	II	II	II
2022年	II	II	II			I	II	II	II	II	II	

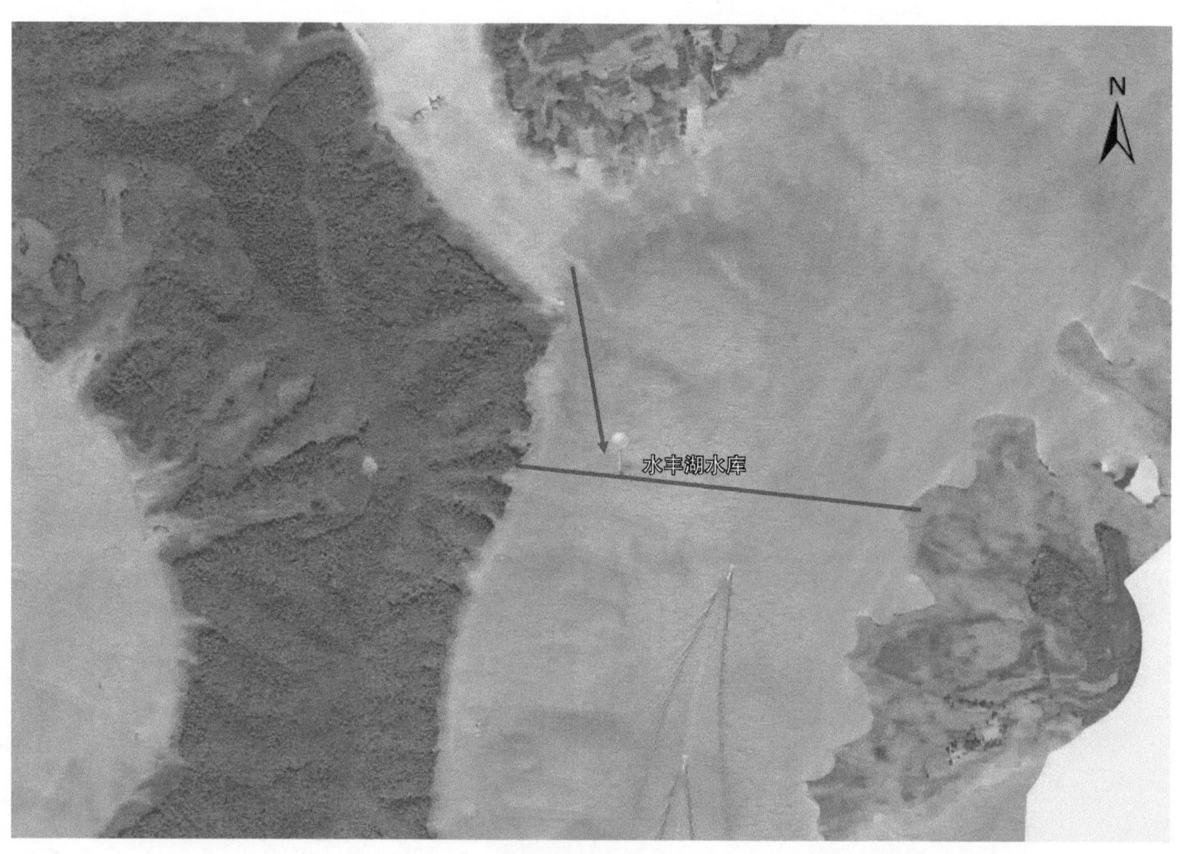

断面情况示意图

2020 年断面上游

2020 年断面下游

2022 年断面上游

2022 年断面下游

8.7.3 水丰湖出湖口

所在水体 水丰水库
汇入水体 —
断面属性 控制断面
断面类型 湖库
断面时段 “十四五”
断面位置 辽宁省丹东市宽甸满族自治县长甸镇拉古哨村
经 纬 度 E 124.9473°，N 40.4576°
水质状况 近 3 年水质总体持平

断面桩

时间	1 月	2 月	3 月	4 月	5 月	6 月	7 月	8 月	9 月	10 月	11 月	12 月
2020 年					I	I	I	II	II	II	II	II
2021 年	II	II	II	II	II	II	II	II	II	II	II	II
2022 年	II	II	II			I	II	II	II	II	II	

断面情况示意图

2020 年断面上游

2020 年断面下游

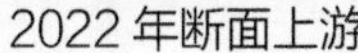

2022 年断面上游

2022 年断面下游

自动监测站

设备间

8.8 桓仁水库

8.8.1 金银库沟门

所在水体 桓仁水库
汇入水体 —
断面属性 控制断面
断面类型 湖库
断面时段 “十四五”
断面位置 辽宁省本溪市五女山路转入 507 乡道
经 纬 度 E 125.4084°，N 41.2939°
水质状况 近 3 年水质总体持平

断面桩

时间	1 月	2 月	3 月	4 月	5 月	6 月	7 月	8 月	9 月	10 月	11 月	12 月
2020 年					I	I	II	II	II	III	II	II
2021 年				II	II	II	II	II	II	II	II	II
2022 年					I	I	III			II	II	

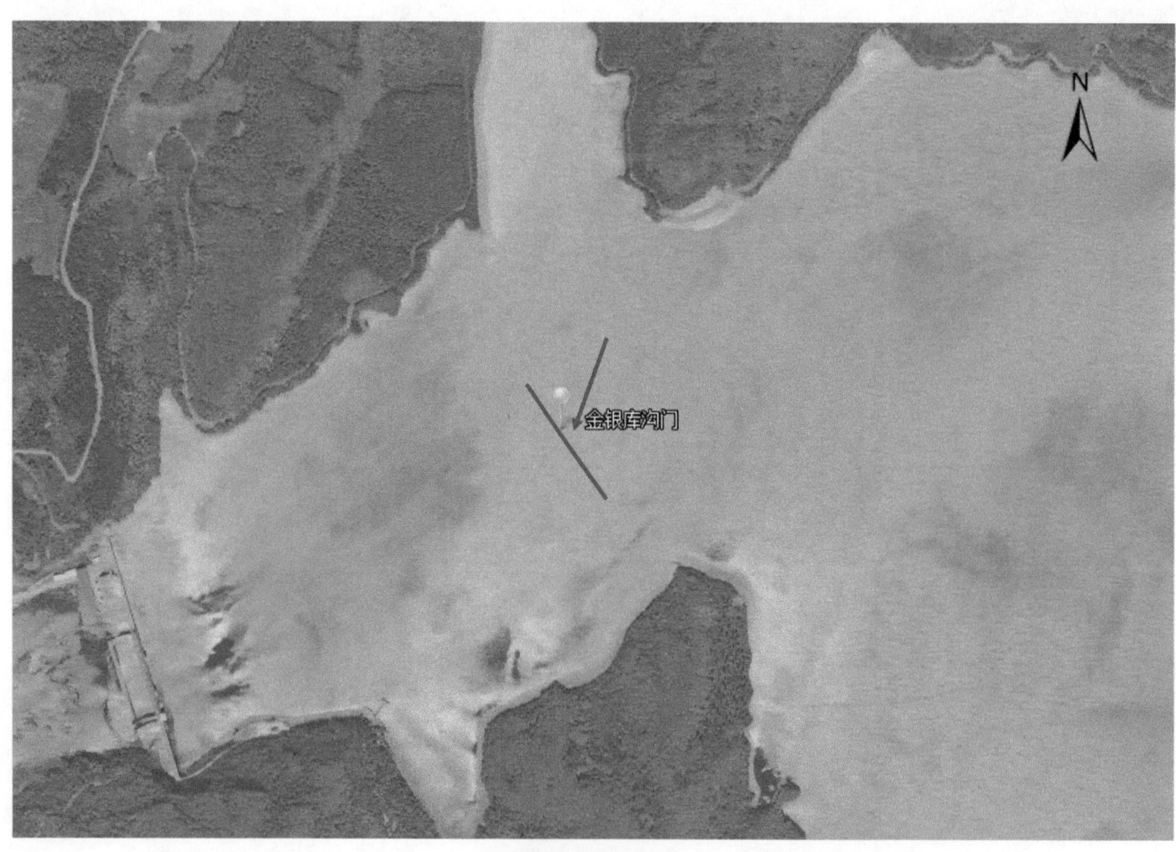

断面情况示意图

2020 年断面上游

2020 年断面下游

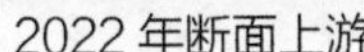

2022 年断面上游

2022 年断面下游

自动监测站

设备间

8.9 碧流河水库

8.9.1 碧流河库心

所在水体 碧流河水库
汇入水体 —
断面属性 控制断面
断面类型 湖库
断面时段：“十四五”
断面位置 辽宁省大连市庄河市碧流河水库
经 纬 度 E 122.5140°，N 39.8777°
水质状况 近 3 年水质总体持平

断面桩

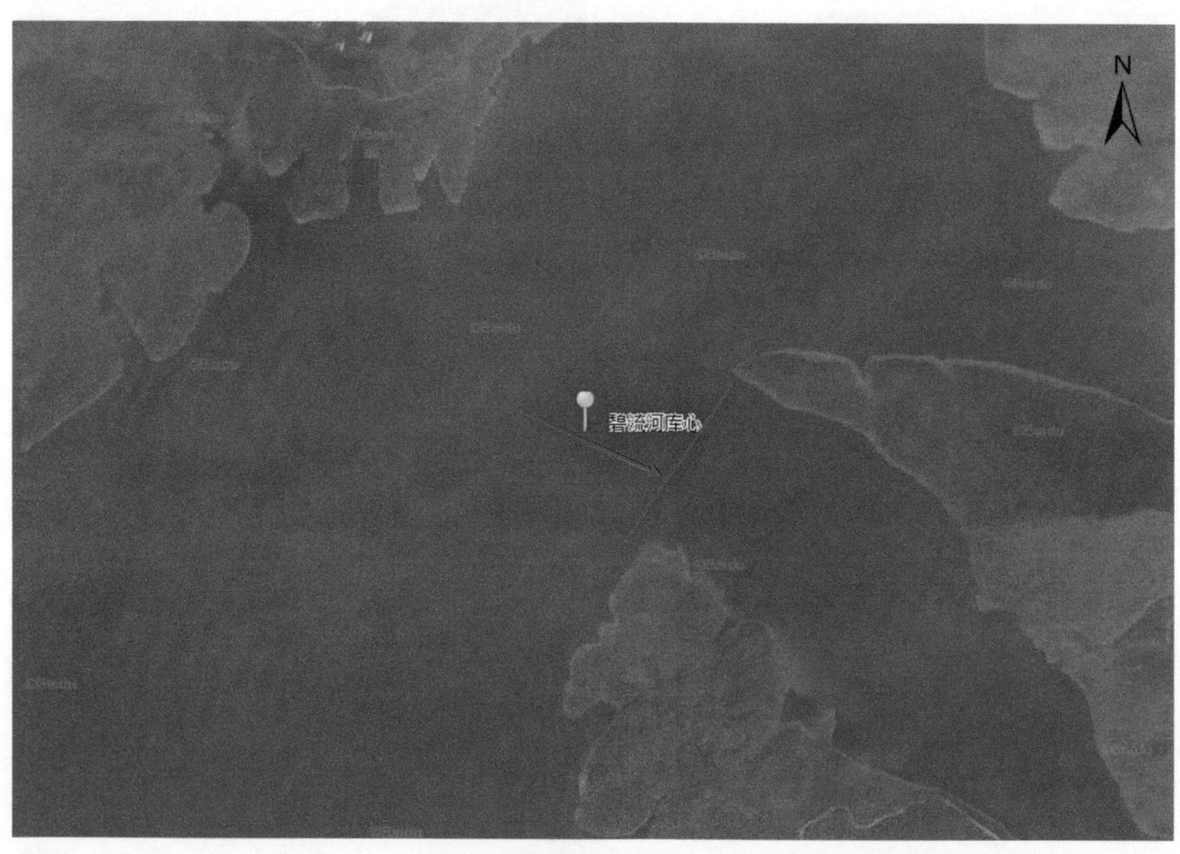

断面情况示意图

2020 年断面上游

2020 年断面下游

2022 年断面上游

2022 年断面下游

8.9.2 碧流河出口

所在水体 碧流河水库
汇入水体 —
断面属性 控制断面
断面类型 湖库
断面时段 “十四五”
断面位置 辽宁省大连市碧流河水库水闸口
经 纬 度 E 122.4969°，N 39.8233°
水质状况 近 3 年水质总体持平

断面桩

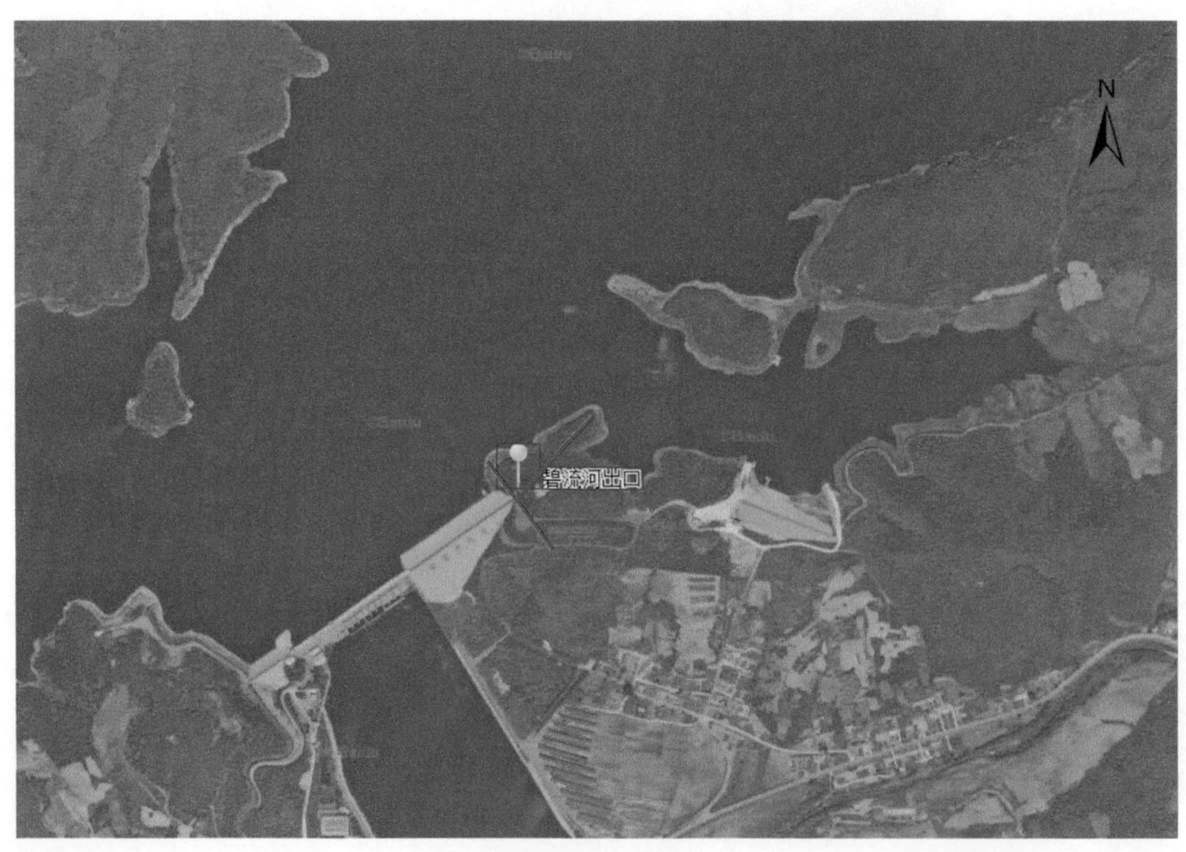

断面情况示意图

2020 年断面上游

2020 年断面下游

2022 年断面上游

2022 年断面下游

第九章 · 其他水系

青龙河属于滦河水系，发源于河北省平泉市松树台，流经河北平泉市、辽宁凌源市、河北宽城满族自治县等4县（市、区），在辽宁省境内长度53 km、流域面积1 582 km^2。辉发河属于松花江水系，发源于辽宁省清原满族自治县南山城镇，流经辽宁清原县、吉林梅河口市等4县（市、区），在辽宁省境内长度29 km、流域面积541 km^2。

9.1 青龙河

9.1.1 虎头石

所在水体 青龙河
汇入水体 滦河
断面属性 省界（辽 - 冀）
断面类型 河流
断面时段 “十四五”
断面位置 河北省承德市虎头石村南侧 600 m
经 纬 度 E 119.0719°，N 40.6753°
水质状况 近 3 年水质有所下降

时间	1 月	2 月	3 月	4 月	5 月	6 月	7 月	8 月	9 月	10 月	11 月	12 月
2020 年		I	I	III	II	II	II	I	I	I	I	I
2021 年		I	II	I	I	II	II		II	I	II	I
2022 年	II	II	II	I	I	I	II	II	II	I	I	

断面情况示意图

2020 年断面上游

2020 年断面下游

2022 年断面上游

2022 年断面下游

9.2 辉发河

9.2.1 龙头堡

所在水体 辉发河
汇入水体 松花江
断面属性 省界（辽 - 吉）
断面类型 河流
断面时段 “十四五”
断面位置 辽宁省抚顺市清原满族自治县龙头堡村东侧 500 m 处
经 纬 度 E 125.2761°，N 42.1575°
水质状况 近 3 年水质有所好转

断面桩

时间	1 月	2 月	3 月	4 月	5 月	6 月	7 月	8 月	9 月	10 月	11 月	12 月
2020 年			劣 V	II	III	III	IV	II	III	II	II	II
2021 年	II	II	IV	II	III	III	IV	III	II	II	II	I
2022 年				II	II	III	II	II	II	II	II	I

断面情况示意图

2020 年断面上游

2020 年断面下游

2022 年断面上游

2022 年断面下游